FACHWISSEN FEUERWEHR

Kemper

ATEMSCHUTZ-GERÄTETRÄGER

6. Auflage 2023

ecomed
SICHERHEIT

Bibliografische Informationen der deutschen Nationalbibliothek

Die Deutsche Nationalbibliothek verzeichnet diese Publikation in der Deutschen Nationalbibliografie; detaillierte bibliografische Daten sind im Internet über http://www.dnb.de abrufbar.

Bei der Herstellung des Werkes haben wir uns zukunftsbewusst für umweltverträgliche und wiederverwertbare Materialien entschieden. Der Inhalt ist auf chlorfrei gebleichtes Papier gedruckt.

Nachweis der Titelbilder:
oben links: Sebastian Stenzel, Nachrichtenportal Wiesbaden112.de
oben rechts und unten links: Marc Köppelmann, Paderborn
unten rechts: Dennis Altenhofen, Nachrichtenportal Wiesbaden112.de

Aus Gründen der besseren Lesbarkeit wird in diesem Werk die Sprachform des generischen Maskulinums angewendet. Es wird darauf hingewiesen, dass die ausschließliche Verwendung der männlichen Form geschlechtsunabhängig zu sehen ist.

ISBN 978-3-609-68903-6

E-Mail: kundenservice@ecomed-storck.de

Telefon: 089/2183-7922
Telefax: 089/2183-7620

www.ecomed-storck.de

Satz: Fotosatz Pfeifer, Krailling
Druck: CPI books GmbH, Leck

Vorwort

Die Anforderungen an die Angehörigen der Feuerwehren haben sich im Laufe der letzten Jahre erheblich verändert. Genügten in der Vergangenheit oftmals die Kenntnisse der normalen Brandbekämpfung, müssen heute selbst kleinere Feuerwehren die unterschiedlichsten Notlagen meistern können, um in Not geratene Menschen oder Tiere zu retten, Sachwerte zu erhalten und die Umwelt vor schädlichen Einwirkungen zu schützen.

Daher ist es erforderlich, dass alle Feuerwehrangehörigen umfassend ausgebildet werden. Dabei ergibt sich jedoch das Problem, dass diese Ausbildung von den meist ehrenamtlich tätigen Feuerwehrangehörigen zusätzlich zu den ebenfalls weiter steigenden Anforderungen in deren Berufsleben und den vielfältigen Verpflichtungen im privaten oder familiären Umfeld geleistet werden muss. Letztlich liegt es an den Feuerwehrangehörigen selbst, ob und in welchem Umfang sie bereit sind, sich durch eine regelmäßige und aktive Teilnahme an der angebotenen Aus- und Weiterbildung den gesteigerten Anforderungen an die Feuerwehren zu stellen.

Das Ziel der Broschürenreihe „Fachwissen Feuerwehr“ besteht darin, die Feuerwehrangehörigen mit dem Wissen auszustatten, das in der heutigen Zeit erforderlich ist, um aufgabengerecht und wirkungsvoll in den Feuerwehren eingesetzt zu werden. Diese Broschürenreihe richtet sich vor allem an die Feuerwehrangehörigen, die erstmals in das jeweilige Thema „einsteigen“, aber auch an die Feuerwehrangehörigen, die sich ein solides Basiswissen aneignen möchten.

Die Inhalte der Broschürenreihe entsprechen weitgehend den Inhalten und Vorgaben der Feuerwehr-Dienstvorschrift 2 (FwDV 2) „Ausbildung der Freiwilligen Feuerwehren“ und den daraus angeleiteten Lernzielkatalogen. Deshalb kann diese Broschürenreihe auch gut zur Vorbereitung und Unterstützung der unterschiedlichen Aus- und Weiterbildungsmaßnahmen der Feuerwehren genutzt werden.

Die jeweiligen Texte und Abbildungen sind in leicht verständlicher Weise dargestellt, Hinweise und Merksätze filtern die für die Praxis wichtigen Informationen heraus. Auf die Verwendung von speziellen Formeln und wenig gebräuchlichen Begriffen wird weitgehend verzichtet. Die Angabe technischer Daten erfolgt ohne Gewähr.

Weiter gelten die Funktionsbezeichnungen und personenbezogenen Begriffe für Feuerwehrangehörige aller Geschlechter.

Die Broschüre **„Atemschutzgeräteträger“** befasst sich vornehmlich mit dem grundlegenden Basiswissen über den Atemschutz der Feuerwehr. Sie richtet sich vor allem an die Feuerwehrangehörigen, die sich auf die Ausbildung zum Atemschutzgeräteträger vorbereiten oder sich in der Ausbildung befinden. Entsprechend den Vorgaben der Feuerwehr-Dienstvorschrift 2 (FwDV 2) ist die Befähigung zum Einsatz unter Atemschutz das Ziel dieser Ausbildung. Aber auch Feuerwehrangehörige, die bereits Erfahrungen als Atemschutzgeräteträger gesammelt haben, können mit den Inhalten dieser Broschüre ihr Fachwissen auffrischen und festigen.

Die Aufgaben, die Atemschutzgeräteträger im Einsatz bewältigen müssen, sind umfangreich und zunehmend gefahrvoller. Deshalb ist es wichtig, dass sowohl die Ausrüstung als auch das Fachwissen der Atemschutzgeräteträger darauf abgestimmt wird. In den nachfolgenden Kapiteln werden die Rechtsgrundlagen, die Anforderungen an die Atemschutzgeräteträger, die Aus- und Fortbildung der Atemschutzgeräteträger, die Grundlagen der Atmung, die Atemgifte sowie die Technik und Handhabung der Atemschutzgeräte und vor allem die zu beachtenden Einsatzgrundsätze und die Vorgehensweisen im Atemschutzeinsatz behandelt.

Geseke, Januar 2023 Hans Kemper

Hinweis: Die sechste Auflage dieser Broschüre wurde vollständig überarbeitet und durch das Kapitel „Atemschutzeinsatz“ ergänzt.

Inhalt

1 Einleitung

Bei Bränden und beim Umgang mit gefährlichen Stoffen können Atemgifte entstehen oder Sauerstoffmangel in der Umgebungsluft auftreten. Für die Einsatzkräfte der Feuerwehr ist es aber unerlässlich, bei der Rettung von Menschen, bei der Brandbekämpfung oder bei Hilfeleistungen in derartige Gefahrenbereiche vorzudringen. Deshalb muss versucht werden, diese Gefahren durch technische Maßnahmen, zum Beispiel durch Lüften, oder organisatorische Maßnahmen, zum Beispiel durch Verlassen des Gefahrenbereiches, restlos zu beseitigen. Ist die Anwendung dieser Maßnahmen nicht möglich, müssen sich die Einsatzkräfte entsprechend dem Umfang der möglichen Gefahren mit geeigneten Atemschutzgeräten schützen.

Abbildung 1: Mit Pressluftatmern ausgerüsteter Einsatztrupp (Quelle: Dennis Altenhofen, Nachrichtenportal Wiesbaden112.de)

Der Einsatz von Atemschutzgeräten bei der Feuerwehr ist sowohl im Bereich der Brandbekämpfung als auch in der Hilfeleistung nicht mehr wegzudenken. Die bei diesen Einsätzen auftretenden Atemgifte oder der Sauerstoffmangel erfordern von den Einsatzkräften genaue Kenntnisse über die vorliegenden Gefahren, die Schutzwirkungen der Atemschutzgeräte und deren Einsatzmöglichkeiten und Einsatzgrenzen. Die Auswahl der richtigen Atemschutzgeräte, die Aus- und Fortbildung der Atemschutzgeräteträger sowie die Instandhaltung der Geräte sind weitere Voraussetzungen für die erfolgreiche und unfallsichere Verwendung von Atemschutzgeräten im Einsatz.

Die Bedeutung des Atemschutzes ist heute größer denn je und steigt auch ständig an. Ohne geeigneten Atemschutz lassen sich heute viele Einsatzaufgaben der Feuerwehr nicht mehr bewältigen. Der Atemschutz der Feuerwehr bedarf deshalb besonderer Aufmerksamkeit, da jede technische oder menschliche Unzulänglichkeit die Gesundheit und das Leben der Einsatzkräfte und auch der betroffenen Personen gefährden kann.

Gerade die tragischen Unfälle bei Einsätzen unter Atemschutz in den letzten Jahren geben deshalb Anlass, sich genau und sorgfältig mit den Grundlagen des Atemschutzes und der Sicherheit bei Atemschutzeinsätzen zu befassen. Dies gilt auch und vor allem für den Bereich der Atemschutzüberwachung und für den Einsatz von Sicherheitstrupps bei einem Atemschutznotfall.

2 Rechtsgrundlagen und Regelwerke

Für die ordnungsgemäße Durchführung des Atemschutzes ist die Einhaltung bestimmter Regelgrundlagen und Regelwerke erforderlich. Hierzu gehören vor allem die Feuerwehr-Dienstvorschriften, die Vorschriften und sonstigen Regelwerke der Deutschen Gesetzlichen Unfallversicherung (DGUV) sowie die Gebrauchsanleitungen der Hersteller von Atemschutzgeräten. Dazu ist es erforderlich, dass verantwortliche Personen innerhalb der Feuerwehr benannt werden, die nachdrücklich auf die Beachtung und Einhaltung dieser Rechtsgrundlagen und Regelwerke hinwirken.

2.1 Feuerwehr-Dienstvorschrift 1 (FwDV 1)

In der Feuerwehr-Dienstvorschrift 1 (FwDV 1) „Grundtätigkeiten – Lösch- und Hilfeleistungseinsatz" werden die notwendigen Grundtätigkeiten der Feuerwehrangehörigen dargelegt, die zur einheitlichen Ausbildung und zur Anwendung im Einsatzfall notwendig sind. Sichere und gleichzeitig auch schnelle Einsatzmaßnahmen sind möglich, wenn die Feuerwehrangehörigen zweckmäßige Handgriffe und Bewegungsabläufe beherrschen. Dies gilt auch für den Bereich Atemschutz.

In dieser Feuerwehr-Dienstvorschrift werden unter anderem die Art und der Umfang der Mindestschutzausrüstung der Einsatzkräfte beschrieben. Als Ergänzung zur Mindestschutzausrüstung sind für den Löscheinsatz unter anderem Atemschutzgeräte aufgeführt, die entsprechend den Erfordernissen und auf Befehl des Führers der taktischen Einheit zu benutzen sind. Weiterhin wird in dieser Feuerwehr-Dienstvorschrift auch die mitzuführende Einsatzausrüstung der Atemschutztrupps und Sicherheitstrupps beschrieben.

Hinweis: Je nach Art des Einsatzes und der vorliegenden Lage kann der Führer der taktischen Einheit auch Abweichungen von der vorgegebenen Schutz- und Einsatzausrüstung festlegen und befehlen.

2.2 Feuerwehr-Dienstvorschrift 2 (FwDV 2)

Gemäß der Feuerwehr-Dienstvorschrift 2 (FwDV 2) „Ausbildung der Freiwilligen Feuerwehren" erhalten alle Feuerwehrangehörigen zunächst die gleiche Truppmann-Ausbildung. Darüber hinaus sollen Feuerwehrangehörige in Feuerwehren mit Atemschutzausrüstungen im Rahmen dieser Truppmann-Ausbildung einen Lehrgang „Sprechfunker" und daran anschließend einen Lehrgang „Atemschutzgeräteträger" abschließen.

Eine ergänzende Ausbildung in einer Feuerwehrübungsanlage („heiße Ausbildung") wird in dieser Feuerwehr-Dienstvorschrift empfohlen.

2.3 Feuerwehr-Dienstvorschrift 3 (FwDV 3)

In der Feuerwehr-Dienstvorschrift 3 (FwDV 3) „Einheiten im Lösch- und Hilfeleistungseinsatz" ist festgelegt, wie die taktischen Einheiten der Feuerwehr (selbstständiger Trupp, Staffel, Gruppe, Zug) im Lösch- und Hilfeleistungseinsatz eingesetzt werden. Dabei wird nachdrücklich darauf verwiesen, dass ein Innenangriff mit Atemschutzgeräten nur durchgeführt werden kann, wenn eine vollständige Gruppe oder Staffel an der Einsatzstelle anwesend und einsatzbereit ist. Die Mannschaft eines selbstständigen Trupps reicht für einen Innenangriff mit Atemschutzgeräten nicht aus.

Weiterhin werden die Aufgaben der jeweiligen Funktionen innerhalb einer Gruppe beziehungsweise einer Staffel beschrieben. Die grundsätzliche Aufgabe eines Angriffstrupps ist die Rettung, insbesondere aus Bereichen, die nur mit Atemschutzgeräten betreten werden können. Der Wassertrupp stellt unter anderem die Wasserversorgung bis zum Verteiler her und wird bei einem Atemschutzeinsatz als Sicherheitstrupp eingesetzt.

Ein Sicherheitstrupp ist gemäß dieser Feuerwehr-Dienstvorschrift ein mit Atemschutzgeräten ausgerüsteter Trupp, dessen Aufgabe es ist, bereits eingesetzten Atemschutztrupps im Notfall unverzüglich Hilfe zu leisten. Sicherheitstrupps können auch mit zusätzlichen Aufgaben betraut werden, solange sie in der Lage sind, jederzeit ihrer eigentlichen Aufgabe gerecht zu werden und der Einsatzerfolg dadurch nicht gefährdet ist.

2.4 Feuerwehr-Dienstvorschrift 7 (FwDV 7)

Die Feuerwehr-Dienstvorschrift 7 (FwDV 7) „Atemschutz“ bildet die Grundlage für den Atemschutz der Feuerwehr. Sie soll eine einheitliche, sorgfältige Ausbildung und Fortbildung der Atemschutzgeräteträger sicherstellen sowie die Voraussetzungen für eine erfolgreiche und unfallsichere Verwendung der Atemschutzgeräte bei Übungen und bei Einsätzen schaffen.

In dieser Feuerwehr-Dienstvorschrift wird deutlich darauf hingewiesen, dass Einsatzkräfte, die durch Sauerstoffmangel oder durch Einatmen gesundheitsschädigender Stoffe (Atemgifte) gefährdet werden, entsprechend der möglichen Gefährdung geeignete Atemschutzgeräte tragen müssen. Dabei sind die Kenntnisse über die Verwendungsmöglichkeiten und Schutzwirkungen der Atemschutzgeräte eine wesentliche Voraussetzung für einen erfolgreichen Einsatz unter Atemschutz.

Hinweis: In den nachfolgenden Kapiteln dieser Broschüre werden die Regelungen und Vorgaben der Feuerwehr-Dienstvorschrift 7 (FwDV 7) „Atemschutz“ näher beschrieben und ausführlich erläutert.

2.5 Feuerwehr-Dienstvorschrift 500 (FwDV 500)

In der Feuerwehr-Dienstvorschrift 500 (FwDV 500) „Einheiten im ABC-Einsatz“ ist festgelegt, dass die Feuerwehren bei Einsatzmaßnahmen in Verbindung mit Gefahren durch radioaktive, biologische oder chemische Stoffe neben der allgemeinen Ausrüstung zusätzlich bestimmte Sonderausrüstungen benötigen, vor allem geeignete Atemschutzgeräte. In Abhängigkeit von der jeweiligen Art des Einsatzes und der vorliegenden Lage können dabei Filtergeräte oder Isoliergeräte verwendet werden.

In besonderen Einsatzsituationen, zum Beispiel zur Menschenrettung, muss bei derartigen Einsätzen unter Umständen eine erhöhte Eigengefährdung der Einsatzkräfte in Kauf genommen werden. Nach Entscheidung des Einsatzleiters können die Einsatzkräfte zunächst ohne vollständige Sonderausrüstung vorgehen. Sie sind jedoch mindestens mit Isoliergeräten (Pressluftatmer, Regenerationsgerät) als Atemschutz auszurüsten.

2.6 DGUV Vorschrift 49

Gemäß der Feuerwehr-Dienstvorschrift 7 (FwDV 7) „Atemschutz“ müssen bei Einsätzen und Übungen, bei denen Einsatzkräfte Atemschutzgeräte verwenden, neben den verbindlichen Vorgaben der Feuerwehr-Dienstvorschrift auch die Vorgaben der DGUV Vorschrift 49 „Unfallverhütungsvorschrift Feuerwehren“ und die dazugehörenden Erläuterungen der DGUV Regel 105-049 „Feuerwehren“ beachtet werden.

Für den Bereich des Atemschutzes gelten insbesondere folgende Paragrafen und Erläuterungen:

§ 14 Persönliche Schutzausrüstungen

(2) Bei besonderen Gefahren müssen zusätzlich spezielle persönliche Schutzausrüstungen in ausreichender Anzahl vorhanden sein, die in Art und Anzahl auf diese Gefahren abgestimmt sind.

In den Erläuterungen zum Absatz 2 dieses Paragrafen heißt es unter anderem: *„Die Anzahl der speziellen persönlichen Schutzausrüstung ist so zu bemessen, dass ein notwendiger Sicherheitstrupp mit mindestens der gleichen speziellen Schutzausrüstung ausgestattet werden kann. Spezielle persönliche Schutzausrüstungen sind insbesondere: ... Atemschutzgeräte ...“.*

§ 24 Einsatz mit Atemschutzgeräten

(1) Können Feuerwehrangehörige durch Sauerstoffmangel oder durch Einatmen gesundheitsschädigender Stoffe gefährdet werden, müssen je nach der möglichen Gefährdung geeignete Atemschutzgeräte benutzt werden.

(2) Beim Einsatz mit von der Umgebungsatmosphäre unabhängigen Atemschutzgeräten ist dafür zu sorgen, dass eine Verbindung zwischen Atemschutzgeräteträgern und Feuerwehrangehörigen, die sich in nicht gefährdetem Bereich aufhalten, sichergestellt ist.

(3) Ist die Rettung eingesetzter Atemschutzgeräteträger ohne Atemschutz nicht möglich, müssen Sicherheitstrupps in ausreichender Zahl zur sofortigen Rettung bereitstehen. Eine Überwachung der eingesetzten Atemschutzgeräteträger ist sicherzustellen. Es sind geeignete Maßnahmen zur Notfallrettung vorzusehen.

In den Erläuterungen zum Absatz 1 dieses Paragrafen heißt es: *„Von einer Gefährdung ist immer dann auszugehen, wenn Sauerstoffmangel oder gesundheitsschädigende Stoffe nicht sicher ausgeschlossen werden können. Dies kann zum Beispiel auch bei Nachlöscharbeiten oder Aufräumarbeiten nach einem Brand der Fall sein. Die Auswahl der Atemschutzgeräte richtet sich nach den Einsatzbedingungen und dem vorgesehenen Verwendungszweck. Der Standard ist die Verwendung von umluftunabhängigen Atemschutzgeräten (Isoliergeräten). Die Verwendung von umluftabhängigen Atemschutzgeräten (Filtergeräten) ist nur dann zulässig, wenn diese vor den zu erwartenden Gefahrstoffen schützen und ausreichend Sauerstoff in der Atemluft vorhanden ist“.*

In den Erläuterungen zum Absatz 2 dieses Paragrafen heißt es: *„Unter Verbindung ist neben der Kommunikation auch die Sicherung des Rückweges zu verstehen. Die Kommunikation kann zum Beispiel über eine Sprechfunkverbindung hergestellt werden. Die Rückwegsicherung kann zum Beispiel aus einer Schlauchleitung oder einem Leinensicherungssystem bestehen"*.

In den Erläuterungen zum Absatz 3 dieses Paragrafen heißt es: *„Geeignete Maßnahmen können sich je nach Einsatzsituation ändern. In Betracht kommt unter anderem die Bereitstellung von Tragehilfen (zum Beispiel Schleifkorbtrage, Tragetuch), ausreichenden Atemluftreserven, gegebenenfalls einschließlich Anschlussmöglichkeit für eine zu rettende Person am Atemschutzgerät, Rettungsdienst, Wärmebildkamera, Geräten zur technischen Rettung, zusätzlichen Sicherheitstrupps und/oder zusätzlichen Rettungswegen über Leitern"*.

2.7 Gebrauchsanleitungen der Hersteller

Gebrauchsanleitungen sind vom Hersteller der Atemschutzgeräte oder Atemschutzausrüstung erstellte Zusammenfassungen von Informationen für Benutzer, durch die eine sichere und bestimmungsgemäße Verwendung der Geräte oder Ausrüstungen sichergestellt werden soll. In den Gebrauchsanleitungen wird auch auf mögliche Gefahren und die verbindlich einzuhaltenden Bestimmungen zur Unfallverhütung eingegangen. Gebrauchsanleitungen werden auch als Gebrauchsanweisung, Betriebsanleitung, Bedienungsanleitung oder Benutzerhandbuch bezeichnet. Sie können in Form von Dokumentationen, Flyern, Schildern oder Etiketten erstellt werden.

Hinweis: Feuerwehrangehörige, die nicht ausreichend über die bestimmungsgemäße Verwendung der Atemschutzgeräte oder Atemschutzausrüstungen entsprechend den Vorgaben der Gebrauchsanleitungen informiert und unterwiesen sind, dürfen mit diesen Geräten oder Ausrüstungen auch nicht eingesetzt werden!

2.8 Verantwortlichkeit und Aufgabenverteilung

Gemäß der Feuerwehr-Dienstvorschrift 7 (FwDV 7) „Atemschutz" ist der Träger der Feuerwehr, das heißt, die Stadt beziehungsweise die Gemeinde, für die Sicherheit bei der Verwendung von Atemschutzgeräten verantwortlich. Der Träger der Feuerwehr wird bei der ordnungsgemäßen Durchführung des Atemschutzes, der dazugehörenden Aus- und Fortbildung einschließlich der regelmäßigen Einsatzübungen sowie bei der Überwachung der festgelegten Fristen vom Leiter der Feuerwehr unterstützt.

2.8.1 Aufgabenverteilung im Bereich Atemschutz

Der Leiter einer Feuerwehr kann bestimmte ihm obliegende Aufgaben und Pflichten im Bereich Atemschutz auch an andere Feuerwehrangehörige innerhalb der Feuerwehr übertragen. Diese sind dann für den jeweiligen Aufgabenbereich verantwortlich. Um eine Funktion und die dazugehörenden Aufgaben übernehmen zu können, müssen die beauftragten Feuerwehrangehörigen persönlich geeignet sein und bestimmte fachliche Voraussetzungen erfüllen. Sie sollten über entsprechende Einsatzerfahrung im Bereich Atemschutz verfügen und die für die Erfüllung der Aufgaben notwendige Ausbildung abgeschlossen haben.

Für die Aufgaben im Bereich Atemschutz kann der Leiter einer Feuerwehr bei Bedarf folgende Funktionen vorsehen:

Tabelle 1: Funktionen und Aufgaben

Funktion	Aufgaben
Leiter Atemschutz	• den Leiter der Feuerwehr beraten • die persönlichen Atemschutznachweise kontrollieren • den Bereich Atemschutz einschließlich Aus- und Fortbildung überwachen
Ausbilder Atemschutz	• die Ausbildung und die Fortbildung der Atemschutzgeräteträger durchführen

Tabelle 1: Funktionen und Aufgaben (Fortsetzung)

Funktion	Aufgaben
Einheitsführer im Einsatz	• die Einhaltung der Einsatzgrundsätze sicherstellen • die Atemschutzüberwachung sicherstellen
Gerätewart	• die Atemschutzgeräte überwachen, lagern und verwalten: – Termine überwachen – Geräteprüfungen veranlassen – Gerätenachweis führen
Atemschutz-gerätewart	• Aufgaben wie der Gerätewart, zusätzlich: – Atemschutzgeräte prüfen, warten und instandsetzen – bei der Aus- und Fortbildung mitwirken

2.8.2 Verantwortlichkeit der Atemschutzgeräteträger

Ungeachtet der jeweiligen Verantwortlichkeit der sonstigen Funktionsträger in der Feuerwehr gilt, dass jeder Atemschutzgeräteträger bei Einsätzen und Übungen, bei denen Atemschutzgeräte verwendet werden, für seine Sicherheit grundsätzlich eigenverantwortlich ist. Diese Eigenverantwortung betrifft vor allem die ausdrückliche Beachtung der Unfallverhütungsvorschriften und der Einsatzgrundsätze für den Atemschutzeinsatz sowie die folgenden Bereiche.

■ Regelmäßige arbeitsmedizinische Untersuchungen

Die regelmäßigen arbeitsmedizinischen Untersuchungen der Atemschutzgeräteträger gemäß der DGUV Empfehlung „Atemschutzgeräte (Eignungsbeurteilung)“ unterliegen der organisatorischen Verantwortung des Leiters der Feuerwehr. Sie werden üblicherweise vom Leiter Atemschutz organisiert und veranlasst. Trotz dieser Aufgabenzuordnung ist jeder Atemschutzgeräteträger – schon aus eigenem Interesse heraus – auch dafür verantwortlich, dass seine regelmäßigen arbeitsmedizinischen Untersuchungen und die Beurteilung seiner Eignung für Tätigkeiten unter Atemschutz innerhalb der von einem Arzt festgelegten Fristen auch durchgeführt werden.

■ Einschränkung der Atemschutztauglichkeit

Fühlt sich ein Atemschutzgeräteträger vor einem Einsatz oder vor einer Übung nicht in der Lage, unter Atemschutz vorzugehen, ist er dafür verantwortlich, dies unverzüglich dem zuständigen Einheitsführer (Gruppenführer, Staffelführer) mitzuteilen. Auch im Verlauf eines Einsatzes oder einer Übung sind auftretende Einschränkungen der körperlichen Belastbarkeit, akute Verletzungen oder aufkommende Erschöpfung, unverzüglich und eigenverantwortlich dem Einheitsführer mitzuteilen.

■ Instandhaltung der Atemschutzausrüstung

Nach der Verwendung der Atemschutzausrüstung ist jeder Atemschutzgeräteträger – in Abstimmung mit dem jeweiligen Einheitsführer – dafür verantwortlich, dass die Instandhaltung (Reinigen, Desinfizieren, Prüfen, Warten) der Atemschutzausrüstung veranlasst wird.

■ Mängel an der Atemschutzausrüstung

Erkennt ein Atemschutzgeräteträger bei einem Einsatz, einer Übung oder im Rahmen der Ausbildung bestimmte Mängel an der Atemschutzausrüstung (Abströmen von Atemluft, Defekt an der Warneinrichtung, am Lungenautomat, an der Begurtung, ...), ist er dafür verantwortlich, diese Mängel umgehend dem zuständigen Einheitsführer beziehungsweise dem Gerätewart oder dem Atemschutzgerätewart zu melden.

■ Aus- und Fortbildung der Atemschutzgeräteträger

Damit ein Atemschutzgeräteträger jederzeit in dieser Funktion einsetzbar bleibt, ist er dafür verantwortlich, dass er die jährlich erforderlichen Übungen und Unterweisungen (Belastungsübung in einer Atemschutz-Übungsanlage, Einsatzübung in einer taktischen Einheit unter Atemschutz, Unterweisung, ...) innerhalb von zwölf Monaten ableistet.

2.9 Selbstkontrolle und Testfragen

(Lösungen siehe Seite 127)

1. Welche Rechtsgrundlagen und Regelwerke müssen bei der Durchführung des Atemschutzes beachtet werden?

a) Unfallverhütungsvorschrift DGUV Vorschrift 7 „Atemschutz“
b) Unfallverhütungsvorschrift DGUV Vorschrift 49 „Feuerwehren“
c) Feuerwehr-Dienstvorschrift 7 (FwDV 7) „Atemschutz“
d) Feuerwehr-Dienstvorschrift 7 (FwDV 7) „Feuerwehren“

2. Welche Vorgaben für den Bereich Atemschutz sind in der DGUV Vorschrift 49 enthalten?

a) Je nach möglicher Gefährdung geeignete Atemschutzgeräte benutzen.
b) Überwachung der eingesetzten Atemschutzgeräteträger sicherstellen.
c) Sicherheitstrupps in ausreichender Zahl zur Rettung bereitstellen.
d) Geeignete Maßnahmen zur Notfallrettung vorsehen.

3. Welche Funktionen und Aufgaben im Bereich Atemschutz können innerhalb einer Feuerwehr festgelegt werden?

a) Leiter Atemschutz
b) Ausbilder für Atemschutzgeräteträger
c) Betreuer für Atemschutzgeräteträger
d) Atemschutzgerätewart
e) Gerätewart

4. Für welche Bereiche innerhalb des Atemschutzes ist ein Atemschutzgeräteträger eigenverantwortlich?

a) Für die Einhaltung der Fristen seiner regelmäßigen Untersuchungen.
b) Für die Meldung der eingeschränkten Atemschutztauglichkeit.
c) Für die Meldung festgestellter Mängel.
d) Für die Durchführung der Wartung der Atemschutzmaske.

3 Anforderungen an Atemschutzgeräteträger

Einsatztätigkeiten unter Atemschutz sind mit besonderen Belastungen und Gefahren verbunden. Deshalb müssen Einsatzkräfte, die als Atemschutzgeräteträger eingesetzt werden sollen, bestimmte persönliche Anforderungen erfüllen und für diese Aufgabe körperlich und fachlich geeignet sein. Gemäß der Feuerwehr-Dienstvorschrift 7 (FwDV 7) werden folgende Anforderungen an Atemschutzgeräteträger gestellt:

Anforderungen an Atemschutzgeräteträger	
➡	mindestens 18 Jahre alt
➡	körperlich geeignet
➡	arbeitsmedizinische Untersuchungen
➡	regelmäßige Nachntersuchungen
➡	gesund und einsatzfähig
➡	Ausbildung zum Atemschutzgeräteträger
➡	regelmäßige Fortbildungen und Übungen

Einsatzkräfte, die diese Anforderungen nicht oder nicht mehr erfüllen, dürfen auch nicht als Atemschutzgeräteträger eingesetzt werden.

3.1 Körperliche Eignung

Die bei der Rettung von Personen, der Brandbekämpfung und der Hilfeleistung zu erwartenden körperlichen Belastungen der Einsatzkräfte können erheblich sein. Deshalb müssen Atemschutzgeräteträger für diese Einsatztätigkeiten körperlich geeignet sein. Die körperliche Eignung ist vom Alter der Atemschutzgeräteträger, von deren Leistungsfähigkeit sowie von deren Gesundheitszustand abhängig.

■ Mindestalter

Feuerwehrangehörige, die zu Atemschutzgeräteträgern ausgebildet und dann unter Atemschutz eingesetzt werden, müssen mindestens 18 Jahre und sollten möglichst nicht älter als 50 Jahre sein.

■ Eignungsbeurteilung

Die körperliche Eignung von Feuerwehrangehörigen ist vor Beginn der Ausbildung zum Atemschutzgeräteträger und danach in regelmäßigen Abständen durch eine arbeitsmedizinische Untersuchung entsprechend der DGUV Empfehlung „Atemschutzgeräte (Eignungsbeurteilung)“ von einem hierfür fachlich geeigneten Arzt festzustellen und zu überwachen. Bei dieser arbeitsmedizinischen Untersuchung wird unter anderem

- die Funktion der Augen und des Gehörs,
- der allgemeine körperliche Zustand,
- die Herz-Kreislauf-Funktion und
- die Lungenfunktion

überprüft.

Die vom Arzt ausgestellte Bescheinigung über die Eignungsbeurteilung des Feuerwehrangehörigen enthält das Ergebnis der Beurteilung, das heißt, geeignet, nicht geeignet oder geeignet unter folgenden Voraussetzungen: ..., das Datum der Beurteilung und den Zeitpunkt der nächsten Beurteilung (üblicherweise nach 36 Monaten). Die Bescheinigung kann aufgrund der Eignungsbeurteilung durch den Arzt auch mit einer Einschränkung erteilt werden, zum Beispiel „Bereitstellung einer geeigneten Maskenbrille“.

Wenn vermutet wird, dass Einsatzkräfte den Anforderungen für das Tragen von Atemschutzgeräten nicht mehr genügen, zum Beispiel nach einer schweren Erkrankung oder körperlichen Beeinträchtigungen, ist unabhängig von der festgelegten Zeitspanne eine vorzeitige Nachuntersuchung erforderlich. Dies gilt auch, wenn die Einsatzkräfte selbst vermuten, den körperlichen Anforderungen nicht mehr gewachsen zu sein.

■ Einschränkung der körperlichen Eignung

Einsatzkräfte mit einem Bart oder mit Koteletten im Bereich des Dichtrahmens einer Atemschutzmaske sind für das Tragen von Atemschutzgeräten nicht geeignet. Dies gilt auch für Einsatzkräfte, bei denen aufgrund ihrer Kopfform, tiefer Narben oder dergleichen kein ausreichender Dichtsitz der Atemschutzmaske erreicht werden kann. Ebenfalls nicht geeignet sind Einsatzkräfte mit Körperschmuck (zum Beispiel Piercing), durch den der Dichtsitz oder die sichere Funktion der Atemschutzmaske gefährdet ist oder wenn beim Anlegen beziehungsweise Ablegen der Atemschutzmaske Verletzungen zum Beispiel durch Ohrschmuck auftreten könnten.

■ Meldungen vor Einsätzen und Übungen

Da sich der körperliche Zustand von Einsatzkräften jederzeit ändern kann, wird in der Feuerwehr-Dienstvorschrift 7 (FwDV 7) ausdrücklich gefordert, dass Einsatzkräfte zum Zeitpunkt eines Einsatzes oder einer Übung gesund sind und sich einsatzfähig fühlen müssen. Fühlen sich Einsatzkräfte nicht gesund und nicht in der Lage, unter Atemschutz vorzugehen, zum Beispiel aufgrund einer akuten Erkrankung, allgemeinen Unwohlseins, Alkohol-, Medikamenten- oder Suchtmitteleinwirkungen, eingeschränkter psychischer Verfassung oder eingeschränkter körperlicher Belastbarkeit, sind sie verpflichtet, dies unverzüglich und eigenverantwortlich dem zuständigen Einheitsführer zu melden.

■ Meldungen im Einsatzverlauf

Auch im Verlauf eines Einsatzes oder einer Übung sind auftretende Einschränkungen der körperlichen Belastbarkeit, akute Verletzungen oder aufkommende Erschöpfung vom Atemschutzgeräteträger unverzüglich und eigenverantwortlich dem zuständigen Einheitsführer zu melden. Das Unterlassen dieser Meldung, zum Beispiel aus falschem Ehrgeiz, stellt nicht nur eine Gefahr für den Atemschutzgeräteträger selbst, sondern auch für andere Einsatzkräfte oder auch für betroffene Personen dar.

3.2 Fachliche Eignung

Einsatzkräfte, die als Atemschutzgeräteträger eingesetzt werden sollen, sind fachlich geeignet, wenn sie für diese Aufgabe ausgebildet sind und ihre Kenntnisse durch regelmäßige Übungen und erforderlichenfalls durch zusätzliche Ausbildungs- und Fortbildungsmaßnahmen erweitern. Zur fachlichen Eignung der Atemschutzgeräteträger gehören auch die Kenntnisse der jeweiligen Unfallverhütungsvorschriften und vor allem die Kenntnisse über die Gefahren im Bereich einer Einsatzstelle.

■ Ausbildung zum Atemschutzgeräteträger

Die fachliche Eignung von Feuerwehrangehörigen für Einsatztätigkeiten unter Atemschutz wird durch einen erfolgreich abgeschlossenen Lehrgang „Atemschutzgeräteträger" erlangt *(siehe hierzu auch Kapitel 4.1)*.

■ Fortbildung und Übungen

Die fachliche Eignung der ausgebildeten Atemschutzgeräteträger muss durch die Teilnahme an den im Rahmen der allgemeinen Ausbildung jährlich durchzuführenden Unterweisungen über den Atemschutz zwingend aufrechterhalten und erweitert werden *(siehe hierzu auch Kapitel 4.2)*. Darüber hinaus müssen Atemschutzgeräteträger jährlich eine Belastungsübung in einer Atemschutz-Übungsanlage und eine Einsatzübung innerhalb einer taktischen Einheit unter Atemschutz durchführen. Atemschutzgeräteträger, die die erforderlichen Übungen nicht innerhalb von zwölf Monaten ableisten, dürfen bis zum Durchführen der Übungen nicht mehr in der Funktion als Atemschutzgeräteträger eingesetzt werden.

Hinweis: Die Teilnahme der Atemschutzgeräteträger an der entsprechenden Ausbildung und Fortbildung sowie an den Wiederholungsübungen ist in deren persönlichen Atemschutznachweisen zu dokumentieren.

3.3 Belastungen im Atemschutzeinsatz

Je nach Einsatzart, Einsatzort und Einsatzdauer können Atemschutzgeräteträger besonderen körperlichen Belastungen ausgesetzt werden, die sich nachteilig auf ihre Einsatztätigkeiten auswirken und ihre Leistungsfähigkeit im Einsatzverlauf beeinträchtigen. Diese körperlichen Belastungen entstehen unter anderem durch die Atemschutzausrüstung und die mitzuführende Einsatzausrüstung sowie durch die besondere Schutzkleidung und die Schutzausrüstung der Atemschutzgeräteträger.

Diese Belastungen sind zunächst je nach Alter, körperlicher Verfassung oder Leistungsfähigkeit der Atemschutzgeräteträger unterschiedlich. Im Einsatzverlauf kann sich jedoch früher oder später bei allen Atemschutzgeräteträgern eine körperliche Erschöpfung oder eine Leistungsminderung einstellen, da sich die Belastungen nachteilig auf das Herz-Kreislauf-System auswirken, vor allem auf die Herzfrequenz (Pulsschläge pro Minute), die dabei deutlich in die Höhe schnellt.

■ Atemschutzausrüstung und Einsatzausrüstung

Die im Atemschutzeinsatz oftmals verwendeten Pressluftatmer werden üblicherweise ergänzt durch

- Warn- und Signalgeräte (Notsignalgeber),
- Handsprechfunkgeräte für den Einsatzstellenfunk,
- Einsatzleuchten oder Handleuchten und
- Feuerwehrmehrzweckbeutel mit Feuerwehrleinen.

Darüber hinaus werden von den Atemschutzgeräteträgern bestimmte Einsatzausrüstungen mitgeführt, die ihrem Schutz dienen und/oder zur Erfüllung des Einsatzauftrages notwendig sind. Hierzu gehören zum Beispiel

- Wärmebildkameras für den Einsatz im Innenangriff,
- Brandfluchthauben für die Rettung von betroffenen Personen,
- Tragetücher zum Transport betroffener Personen,
- Rettungsausrüstungen für den Sicherheitstrupp,

- Schlauchtragekörbe mit C-Druckschläuchen und Hohlstrahlrohr für die Brandbekämpfung,
- Hebel-/Brechwerkzeuge zur Schaffung von Zugängen und/oder
- mobile Rauchverschlüsse zur Verhinderung einer Rauchausbreitung.

Abbildung 2: Angriffstrupp mit umfangreicher Atemschutz- und Einsatzausrüstung (Quelle: Thomas Drasel, Nachrichtenportal Wiesbaden112.de)

In verschiedenen Untersuchungen wurde ermittelt, dass die erforderliche Ausrüstung eines Atemschutzgeräteträgers durchaus etwa 25 Kilogramm bis 35 Kilogramm wiegen kann. Zusammen mit den Belastungen durch die erforderlichen Einsatzmaßnahmen stellt dies eine beträchtliche körperliche Belastung der Atemschutzgeräteträger dar.

■ Schutzkleidung und Schutzausrüstung

Bei einem Atemschutzeinsatz – vor allem im Innenangriff – besteht die persönliche Schutzkleidung und Schutzausrüstung eines Atemschutzgeräteträgers üblicherweise aus einer Feuerwehrüberjacke, einer Feuerwehrüberhose, einer Feuerschutzhaube, einem Feuerwehrhelm mit Nackenschutz, Feuerwehrschutzhandschuhen und Feuerwehrschutzschuhen.

Die Verwendung mehrlagiger Feuerwehrüberjacken und Feuerwehrüberhosen ermöglicht den Atemschutzgeräteträgern aufgrund der besonderen wärmeisolierenden Eigenschaften eine gewisse Annaherung an einen Brandherd. Dies führt aber dazu, dass durch die Masse dieser Schutzkleidung, durch die vorherrschenden Umgebungstemperaturen (zum Beispiel in geschlossenen Räumen) und die gestiegene Körpertemperatur der Atemschutzgeräteträger aufgrund der körperlich anstrengenden Einsatztätigkeiten auch die Temperatur innerhalb dieser Schutzkleidung ansteigt.

Dadurch kommt es innerhalb der Schutzkleidung und Schutzausrüstung zu einem belastenden Wärmestau, bei dem die entstehende Wärme und Feuchtigkeit nicht ausreichend nach außen entweichen kann und der durch Schwitzen bezweckte Kühleffekt der Körperoberfläche ausbleibt.

Der dabei entstehende Flüssigkeitsverlust kann zu einer sogenannten Hitzeerschöpfung führen, die sich durch Übelkeit, Schwindel und/oder Kopfschmerzen bemerkbar macht. Wird der Flüssigkeitsverlust nicht rechtzeitig oder nur unzureichend ausgeglichen, steigt die Körpertemperatur des Atemschutzgeräteträgers weiter an und kann so einen lebensbedrohlichen Hitzschlag auslösen, der zu hohem Fieber, Krämpfen, starken Bewusstseinseintrübungen oder auch zu Bewusstlosigkeit führen kann.

■ Schutz vor Überlastungen

Sind Atemschutzgeräteträger besonderen körperlichen Belastungen und/oder Wärmeeinwirkungen ausgesetzt, müssen deren Einsatzzeiten auf den unbedingt notwendigen Umfang begrenzt werden (maximal 20 Minuten bis 30 Minuten). Vor einem erneuten Einsatz unter Atemschutz sollte eine Erholungspause von etwa 60 Minuten eingelegt werden. Weiterhin müssen Erholungs- und Trinkpausen eingeplant und auch eingehalten werden. Sofort nach einem körperlich belastenden Einsatz oder einer Übung müssen die Atemschutzgeräteträger ihren Flüssigkeitsverlust ausgleichen, auch wenn bei ihnen kein Durstgefühl vorhanden ist. Dazu müssen geeignete Getränke (Mineralwasser, Fruchtsaftschorlen, ...) in ausreichender Menge – möglichst auf jedem Einsatzfahrzeug – vorgehalten werden.

■ Körperliche Fitness

Atemschutzgeräteträger brauchen eine gute körperliche Fitness, um eine entsprechende körperliche Leistungsfähigkeit zu erreichen. Jeder Feuerwehrangehörige kann selbst etwas für die eigene Gesundheit, für seine Belastbarkeit und damit auch für seine Verfügbarkeit im Einsatzdienst tun und sich zum Beispiel durch eine sinnvolle Ernährung und eine angemessene sportliche Betätigung körperlich fit halten.

Durch eine regelmäßige und zielgerichtete sportliche Betätigung oder auch durch Einsatzübungen unter möglichst einsatznahen Bedingungen, bei denen der Umgang mit körperlichen Belastungen trainiert wird, werden vor allem die Kondition, die Ausdauer, der Muskelaufbau, die Beweglichkeit, die Leistungsfähigkeit des Herz-Kreislauf-Systems, der Umgang mit alltäglichen Belastungen und auch der allgemeine Gesundheitszustand der Atemschutzgeräteträger wesentlich verbessert.

3.4 Selbstkontrolle und Testfragen

(Lösungen siehe Seite 127)

1. Welche körperlichen Anforderungen müssen Atemschutzgeräteträger erfüllen?

a) Ein Mindestalter von 21 Jahren.
b) Ein Mindestalter von 18 Jahren.
c) Die körperlichen Anforderungen werden durch den Leiter der Feuerwehr festgelegt.
d) Die körperliche Eignung wird durch den Hausarzt festgestellt.

2. Wie oft muss die körperliche Eignung der Atemschutzgeräteträger durch einen fachlich geeigneten Arzt festgestellt werden?

a) Vor dem Beginn der Ausbildung zum Atemschutzgeräteträger.
b) Unmittelbar nach der Ausbildung zum Atemschutzgeräteträger.
c) Im Abstand von jeweils einem Jahr.
d) Wenn vermutet wird, dass der Atemschutzgeräteträger den körperlichen Anforderungen nicht mehr genügt.

3. Welche fachlichen Anforderungen müssen Atemschutzgeräteträger erfüllen?

a) Eine abgeschlossene Ausbildung zum Truppführer.
b) Einen abgeschlossenen Lehrgang „Atemschutzgeräteträger".
c) Die Teilnahme an den jährlichen Unterweisungen über den Atemschutz.
d) Die jährliche Durchführung einer Belastungsübung.

4. Wodurch entstehen körperliche Belastungen im Atemschutzeinsatz?

a) Durch die Masse der erforderlichen Atemschutzausrüstung.
b) Durch die Masse der mitzuführenden Einsatzausrüstung.
c) Durch die besondere Schutzkleidung und die Schutzausrüstung.
d) Durch die Art und den Umfang der erforderlichen Einsatzmaßnahmen.

4 Ausbildung und Fortbildung

Im Rahmen der Ausbildung und Fortbildung der Atemschutzgeräteträger sollen sich die Einsatzkräfte an die mit der Verwendung von Atemschutzgeräten verbundenen erschwerten Einsatzbedingungen gewöhnen. Sie sollen sich im Einsatz und bei Übungen entsprechend den Einsatzgrundsätzen richtig verhalten und die Atemschutzgeräte fehlerfrei handhaben können. Durch Übungen soll die Sicherheit im Umgang mit den Atemschutzgeräten vermittelt werden, damit die Atemschutzgeräteträger auch in gefährlichen Situationen die notwendige Ruhe und Besonnenheit bewahren.

Die Ausbildung der Atemschutzgeräteträger gliedert sich in den Lehrgang „Atemschutzgeräteträger", die jährlichen Fortbildungsmaßnahmen und eine gegebenenfalls erforderliche ergänzende Ausbildung.

4.1 Lehrgang „Atemschutzgeräteträger"

Der Lehrgang „Atemschutzgeräteträger" wird entsprechend den Vorgaben der Feuerwehr-Dienstvorschrift 2 (FwDV 2) „Ausbildung der Freiwilligen Feuerwehren" unter Beachtung der Feuerwehr-Dienstvorschrift 7 (FwDV 7) „Atemschutz" durchgeführt. Das Ziel dieses Lehrgangs ist die Befähigung der Feuerwehrangehörigen zum Einsatz unter Atemschutz.

Für die Teilnahme am Lehrgang ist es erforderlich, dass die Feuerwehrangehörigen zunächst die Truppmannausbildung Teil 1 (Grundausbildungslehrgang) erfolgreich abgeschlossen haben. Darüber hinaus soll auch der Lehrgang „Sprechfunker" erfolgreich abgeschlossen sein. Der mindestens 25 Stunden dauernde Lehrgang „Atemschutzgeräteträger" wird entsprechend den jeweiligen landesrechtlichen Regelungen auf Kreisebene durch geschulte Ausbilder für Atemschutzgeräteträger (Kreisausbilder Atemschutz) durchgeführt, die von weiteren geeigneten Personen unterstützt werden können. Darüber hinaus werden diese Lehrgänge auch an den Landesfeuerwehrschulen oder bei größeren Feuerwehren vor Ort durchgeführt.

Tabelle 2: Musterausbildungsplan gemäß FwDV 2

Ausbildungseinheit	Inhalte	Zeit
Lehrgangsorganisation	• Organisatorisches • Stundenplan • Lernziele • Abschlussgespräch	2
Grundlagen der Atmung, Atemschutztauglichkeit	• Atemvorgang, Luftverbrauch • Atemkrise, Atemtechnik, Totraum • Atemschutztauglichkeit, Einschränkungen • Belastungen durch Atemschutzgerät und Schutzkleidung	2
Atemgifte	• Begriffe • Eigenschaften der Atemgifte • Einteilung der Atemgifte	1
Atemschutzeinsatz-grundsätze	• Verantwortlichkeiten der Atemschutz-geräteträger • Einsatzgrundsätze • Orientierung • Absuchen und Kennzeichnen von Räumen • Verhalten in Notfallsituationen	3
Atemschutzgeräteeinsatz	• Atemanschlüsse • Filtergeräte • Pressluftatmer (Isoliergeräte) • Handhaben der Atemschutzgeräte • Arbeiten mit zunehmender Belastung • Arbeiten unter Einsatzbedingungen	16
Leistungsnachweis	• gesamter Lehrstoff	1
Gesamtstundenzahl:		25

4.1.1 Theoretische Ausbildung

Im Rahmen der theoretischen Ausbildung werden die Lehrgangsteilnehmer durch Lehrvorträge und Unterrichtsgespräche eingehend über die Vorgänge der Atmung, die Gefährdungen durch Atemgifte in Abhängigkeit von deren Eigenschaften und über die Belastungen durch das Tragen von Atemschutzgeräten und besonderen Schutzkleidungen unterrichtet. Darüber hinaus werden die verschiedenen Atemschutzgeräte, ihre jeweiligen Schutzwirkungen sowie deren Aufbau, Funktion sowie Einsatzmöglichkeiten und Einsatzgrenzen behandelt. Ein weiterer Schwerpunkt der theoretischen Ausbildung sind die Einsatzgrundsätze für den Atemschutzeinsatz.

4.1.2 Atemschutz-Übungsanlagen

Die praktische Ausbildung wird vor allem in Atemschutz-Übungsanlagen durchgeführt. Diese Anlagen bestehen im Wesentlichen aus

- einem **Vorbereitungsraum** für das Bereitstellen der Atemschutzgeräte, das Anlegen und Ablegen der Atemschutzgeräte und der persönlichen Schutzausrüstungen, die Durchführung der Einsatzkurzprüfung und den Wechsel der Druckluftbehälter von Pressluftatmern,
- einem **Konditionsraum** für die messbare körperliche Belastung (schnelles Gehen, Bewegen von Lasten, Besteigen von Leitern, ...) der übenden Atemschutzgeräteträger an unterschiedlichen Arbeitsmessgeräten (Ergometer, Laufband, Endlosleiter, ...),
- einem **Übungsraum**, der beheizt, verdunkelt und vernebelt werden kann, für die körperliche und psychische Belastung der übenden Atemschutzgeräteträger, mit einer Hindernisstrecke, aufgeteilt in verschiedene Ebenen und unterteilt durch Gitterfelder, die teils kriechend, teils gehend durch die übenden Atemschutzgeräteträger begangen werden kann, und
- einem **Leitstand** für die Überwachung der Atemschutz-Übungsanlage, die Steuerung aller Übungseinrichtungen und -geräte sowie die Aktivierung der Beleuchtung und Entrauchung und die Abschaltung aller Simulationseinrichtungen bei einem Notfall.

Die Übungen in Atemschutz-Übungsanlagen sind von Ausbildern für Atemschutzgeräteträger und je nach Art und Umfang der Übungen von weiteren im Atemschutz erfahrenen Personen (zum Beispiel Atemschutzgerätewart) dauernd zu überwachen. Bei Unfällen und anderen Notfällen muss eine unverzügliche Hilfeleistung gewährleistet sein.

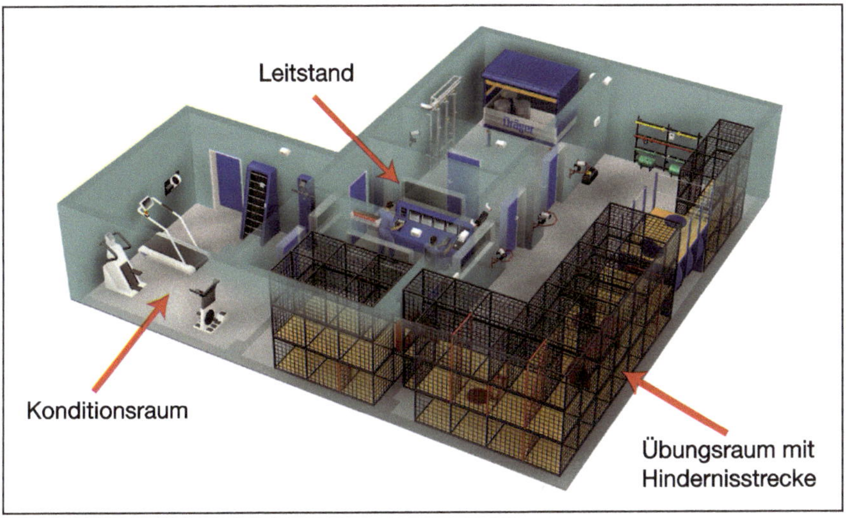

Abbildung 3: Beispiel für die räumliche Gliederung einer Atemschutz-Übungsanlage (Quelle: Drägerwerk AG & Co. KGaA, Lübeck)

4.1.3 Praktische Ausbildung

Im Rahmen der praktischen Ausbildung werden die Lehrgangsteilnehmer durch Unterweisungen und Übungen in der Handhabung von Atemschutzgeräten trainiert und an körperliche Belastungen und Einsatztätigkeiten unter Atemschutz herangeführt. Dabei ist es das Ziel, die Atemschutzgeräte nicht nur selbstständig und fachlich richtig, sondern darüber hinaus auch zügig und genau einsetzen zu können.

Handhabung der Atemschutzgeräte

Bei der Handhabung der Atemschutzgeräte werden unter anderem das Anlegen und Ablegen des Atemanschlusses, der zusätzlichen Schutzausrüstung, des Atemschutzgerätes sowie das einwandfreie Durchführen von Sicht-, Dicht- und Funktionskontrollen geübt. Das Wechseln der Druckluftbehälter und die Einsatzkurzprüfung ist ebenfalls durchzuführen.

Arbeiten mit zunehmender Belastung

Durch Begehen des Übungsraumes der Atemschutz-Übungsanlage (oder anderer geeigneter Objekte) werden die Lehrgangsteilnehmer an das Tragen der Atemschutzgeräte und der Schutzkleidung gewöhnt. Dabei sollen Durchgänge (gehen, kriechen) durch die verdunkelte und vernebelte Hindernisstrecke die Sicherheit für Einsätze in unbekannten Bereichen vermitteln.

Durch Tätigkeiten mit unterschiedlichen Belastungswerten an den Arbeitsmessgeräten im Konditionsraum wird die körperliche Belastung der Lehrgangsteilnehmer erfasst. Im Rahmen von Belastungsgewöhnungsübungen und Belastungsübungen müssen die Lehrgangsteilnehmer bei wechselnder und abgestufter Belastung Arbeit in der Hindernisstrecke erbringen und an den Arbeitsmessgeräten verrichten.

Tabelle 3: Beispiel für den Ablauf einer Belastungsgewöhnungsübung

Vorgabe	• Eine Gesamtarbeit von 60 Kilojoule erbringen.
Beispiel für einen Übungsablauf	• Begehen der Hindernisstrecke, Streckenlänge so wählen, dass 15 Kilojoule Arbeit erbracht wird. • Verrichten von 15 Kilojoule Arbeit an mindestens zwei unterschiedlichen Arbeitsmessgeräten. • Begehen der verdunkelten Hindernisstrecke, Streckenlänge so wählen, dass 15 Kilojoule Arbeit erbracht wird. • Verrichten von 15 Kilojoule Arbeit an mindestens zwei unterschiedlichen Arbeitsmessgeräten.

Tabelle 4: Beispiel für den Ablauf einer Belastungsübung

Vorgabe	• Mit einem Atemluftvorrat von 1.600 Liter eine Gesamtarbeit von 80 Kilojoule erbringen. (ab dem 50. Lebensjahr eine Gesamtarbeit von 60 Kilojoule)
Beispiel für einen Übungsablauf	• Begehen der Hindernisstrecke, Streckenlänge so wählen, dass 15 Kilojoule Arbeit erbracht wird. • Verrichten von 25 Kilojoule Arbeit an mindestens zwei unterschiedlichen Arbeitsmessgeräten. • Begehen der verdunkelten Hindernisstrecke, Streckenlänge so wählen, dass 15 Kilojoule Arbeit erbracht wird. • Verrichten von 25 Kilojoule Arbeit an mindestens zwei unterschiedlichen Arbeitsmessgeräten.

■ Arbeiten unter Einsatzbedingungen

Im Rahmen von Einsatzübungen sollen die Lehrgangsteilnehmer einsatztypische Tätigkeiten ausführen, zum Beispiel

- abgedunkelte und mit Hindernissen versehene Objekte begehen,
- verrauchte und abgedunkelte Objekte absuchen,
- Personen suchen und retten,
- Strahlrohre mit Schlauchleitungen unter Druck vornehmen,
- Türen öffnen und Räume absuchen und kennzeichnen,
- Leitern besteigen,
- in Behälter, enge Schächte oder Fensteröffnungen einsteigen,
- Ausrüstungen tragen und in Stellung bringen,
- handwerkliche und technische Arbeiten verrichten sowie
- Meldungen über Sprechfunk abgeben.

Weiterhin ist ein Notfalltraining durchzuführen, zum Beispiel verunfallter Atemschutzgeräteträger, Atemluftvorrat geht zur Neige, Rückweg versperrt, Notfallmeldung abgeben. Bei jeder Einsatzübung muss zudem eine Atemschutzüberwachung durchgeführt werden.

Durch akustische Darstellungsmittel (Stimmen, Hilferufe, Explosionsgeräusche, ...), Wärmequellen im Bereich von Engstellen und Durchstiegen, optische Darstellungsmittel (Flackerlampen, ...) Verdunkelung und Vernebelung, Anbringen von Beschilderungen (Gefahrenzeichen, Türschilder, ...) sowie durch die Verwendung von zusätzlichen Darstellungsmitteln (Druckbehälter, Behältnisse für Gefahrstoffe, ...) können im Übungsraum und in der Hindernisstrecke einsatzähnliche Bedingungen erzeugt und das Absetzen von Lagemeldungen geübt werden.

Abbildung 4:
Einsatzübung – Menschenrettung
(Quelle: Marc Köppelmann, Paderborn)

4.1.4 Lehrgangsabschluss

Der erfolgreiche Abschluss des Lehrgangs ist anhand eines schriftlichen Leistungsnachweises, einer Belastungsübung und der Übungen unter Einsatzbedingungen während des Lehrgangs festzustellen. Erreicht ein Lehrgangsteilnehmer das Ausbildungsziel bei der Belastungsübung auch bei einer Wiederholung nicht, muss eine erneute arbeitsmedizinische Untersuchung entsprechend der DGUV Empfehlung „Atemschutzgeräte (Eignungsbeurteilung)“ durchgeführt werden. Danach ist die Belastungsübung zu wiederholen. Liegen zwischen der erstmaligen Belastungsübung und der Wiederholung mehr als zwölf Monate, muss der gesamte Lehrgang wiederholt werden.

4.2 Fortbildung

Nach dem erfolgreichen Abschluss des Lehrgangs „Atemschutzgeräteträger“, ist es erforderlich, die Befähigung zum Einsatz unter Atemschutz durch theoretische und praktische Fortbildungsmaßnahmen zu erhalten und die körperliche Belastbarkeit der Atemschutzgeräteträger zu überprüfen. Gemäß der Feuerwehr-Dienstvorschrift 7 (FwDV 7) müssen im Rahmen von Fortbildungsmaßnahmen auf Standortebene theoretische Unterweisungen in die Ausbildungspläne jeder Feuerwehr aufgenommen und mindestens einmal jährlich durchgeführt werden. Alle Atemschutzgeräteträger müssen darüber hinaus jährlich mindestens eine Belastungsübung in einer Atemschutz-Übungsanlage und eine Einsatzübung innerhalb einer taktischen Einheit unter Atemschutz durchführen.

Atemschutzgeräteträger, die diese erforderlichen Fortbildungsmaßnahmen nicht innerhalb von zwölf Monaten ableisten, dürfen grundsätzlich erst nach dem erfolgreichen Abschluss der Fortbildungsmaßnahmen wieder die Funktion eines Atemschutzgeräteträgers wahrnehmen.

■ Theoretische Unterweisung

In den theoretischen Unterweisungen über den Atemschutz ist den Atemschutzgeräteträgern das notwendige Fachwissen zu vermitteln. Die wesentlichen Themen sind die Vorgänge der Atmung und die Gefahren durch das Auftreten von Sauerstoffmangel oder Atemgiften. Darüber hinaus sind die verschiedenen Atemschutzgeräte, ihre Funktion, die Handhabung, die jeweilige Schutzwirkung und die Einsatzgrenzen zu behandeln. Ein weiterer Schwerpunkt der theoretischen Unterweisungen sind die besonderen Einsatzgrundsätze für den Atemschutzeinsatz.

■ Belastungsübung

Bei der Belastungsübung muss vom Atemschutzgeräteträger unter Verwendung eines Pressluftatmers eine bestimmte festgelegte Gesamtarbeit erbracht werden (*siehe Tabelle 4*).

Sie dient dazu, die körperliche Leistungsfähigkeit des Atemschutzgeräteträgers zu überprüfen. Wird diese Gesamtarbeit von dem Atemschutzgeräteträger auch bei einer Wiederholung nicht erreicht, muss er sich einer erneuten arbeitsmedizinischen Untersuchung entsprechend der DGUV Empfehlung „Atemschutzgeräte (Eignungsbeurteilung)“ unterziehen.

■ Einsatzübung

Die Einsatzübung soll unter Einsatzbedingungen innerhalb einer taktischen Einheit in einem dafür geeigneten Objekt (Atemschutz-Übungsanlage, Feuerwehrübungsanlage, ...) durchgeführt werden. Sie muss einsatztypische Tätigkeiten enthalten. Diese Einsatzübung kann für die Atemschutzgeräteträger entfallen, die in entsprechendem Umfang unter Atemschutz in einem tatsächlichen Einsatz eingebunden waren.

4.3 Ergänzende Ausbildung

Der Lehrgang „Atemschutzgeräteträger“ gemäß Feuerwehr-Dienstvorschrift 2 (FwDV 2) bezieht sich grundsätzlich auf die Ausbildung für die Verwendung von Behältergeräten mit Druckluft (Pressluftatmer), wobei die Verwendung von Filtergeräten mit eingeschlossen ist. Atemschutzgeräteträger für andere Atemschutzgeräte, zum Beispiel für Langzeit-Pressluftatmer oder Regenerationsgeräte, müssen ergänzend ausgebildet werden. Die Ausbildung muss unter Beachtung des Gerätetyps und der zu erwartenden Einsatzanforderungen von der jeweiligen Feuerwehr durchgeführt werden.

Eine ergänzende Ausbildung ist ebenfalls für die Träger von Chemikalienschutzanzügen erforderlich. Diese Ausbildung baut auf der Ausbildung zum Atemschutzgeräteträger auf und hat den sicheren Umgang mit einem Chemikalienschutzanzug als Ausbildungsziel. Zur Fortbildung muss darüber hinaus jährlich mindestens eine Übung unter Einsatzbedingungen mit einem Chemikalienschutzanzug durchgeführt werden, sofern kein tatsächlicher Einsatz unter Chemikalienschutzanzug erfolgt ist. Diese Übung kann auch im Rahmen einer einsatzbezogenen Atemschutzübung erfolgen.

4.4 Selbstkontrolle und Testfragen

(Lösungen siehe Seite 127)

1. Welche Themen des Atemschutzes werden in der theoretischen Ausbildung des Lehrgangs „Atemschutzgeräteträger" behandelt?

a) Vorgänge der Atmung.
b) Gefährdungen durch Atemgifte.
c) Neutralisation der Atemgifte.
d) Belastungen durch das Tragen von Atemschutzgeräten.
e) Instandhaltung von Atemschutzgeräten.

2. Welche Bereiche des Atemschutzes werden in der praktischen Ausbildung des Lehrgangs „Atemschutzgeräteträger" behandelt?

a) Richtige Handhabung der Atemschutzgeräte.
b) Erhöhung der Schnelligkeit beim Benutzen der Arbeitsmessgeräte.
c) Verzicht auf Atemschutzgeräte durch geeignete Atemtechniken.
d) Durchführung der Einsatzkurzprüfung.

3. Welche Aussagen über die Fortbildung der Atemschutzgeräteträger sind zutreffend?

a) Atemschutzgeräteträger müssen mindestens einmal jährlich eine Belastungsübung in einer Atemschutz-Übungsanlage durchführen.
b) Atemschutzgeräteträger müssen mindestens einmal jährlich eine Einsatzübung unter Atemschutz durchführen.
c) In regelmäßigen Abständen sind Unterweisungen im Atemschutz im Rahmen der Standortausbildung durchzuführen.
d) Einsatzübungen unter Atemschutz müssen einsatztypische Tätigkeiten enthalten.

5 Grundlagen der Atmung

Der Mensch benötigt zum Erhalt der lebensnotwendigen Funktionen seines Körpers Nahrung, Flüssigkeit und Sauerstoff. Ohne die Zufuhr von Nahrung kann er mehrere Wochen überleben, ohne Flüssigkeit mehrere Tage, ohne Sauerstoff jedoch nur wenige Minuten.

Die Atmung des Menschen ist ein sich ständig wiederholender, unbewusst ablaufender Vorgang, der dazu dient, dem Körper den notwendigen Sauerstoff zuzuführen. Der Sauerstoff der eingeatmeten Umgebungsluft wird in den Körperzellen benötigt, um die über die Nahrung und über Flüssigkeiten aufgenommenen Nährstoffe in Energie umzuwandeln. Die Körperfunktionen des Menschen werden dabei durch das Zusammenspiel von Atmung und Kreislauf aufrechterhalten.

5.1 Atemorgane

Die Atemorgane sind die Bereiche des menschlichen Körpers, die an der Aufbereitung und Weiterleitung der Atemluft und am Austausch der Atemgase beteiligt sind. Hierzu gehören die oberen und unteren Atemwege sowie die Lunge.

Die oberen Atemwege bestehen aus dem Nasenraum und dem Mundraum sowie dem Rachen. In dem mit einer feuchten Schleimhaut ausgekleideten Nasenraum erfolgt die Geruchswahrnehmung (Kontrolle auf sinneswirksame Beimengungen der Atemluft) und die eingeatmete Umgebungsluft wird grob gereinigt, erwärmt und angefeuchtet. Über den Mundraum und den Rachen wird die eingeatmete Luft weitergeleitet. Der Übergang zwischen den oberen und den unteren Atemwegen wird durch den Kehlkopf gebildet, der beim Schlucken die Luftröhre von der Speiseröhre trennt und die unteren Atemwege vor dem Eindringen von Fremdkörpern schützt. Die unteren Atemwege bestehen aus der Luftröhre, den Hauptbronchien und den Bronchiolen.

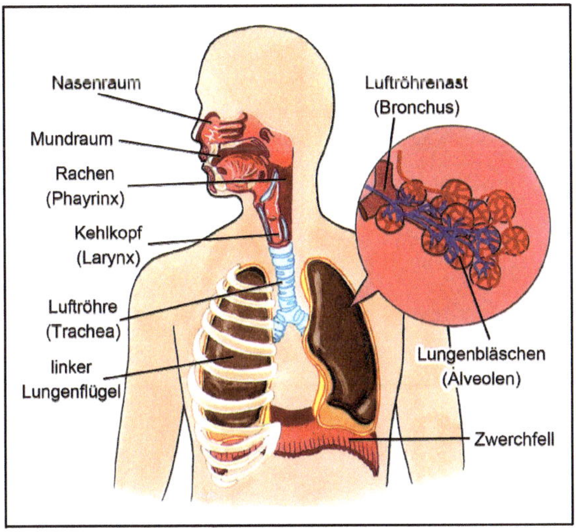

Abbildung 5: Atemorgane des Menschen (Quelle: Vanessa Drossel)

Die Luftröhre schließt sich an den Kehlkopf an und dient der Zuführung der Atemluft zu den Bronchien. Sie teilt sich nach dem Eintritt in den Brustraum in die rechten und linken Hauptbronchien, die jeweils in einen der beiden Lungenflügel münden. Innerhalb der Lungenflügel verästeln sich die Luftwege immer weiter bis zu den Bronchiolen, die dann in den traubenförmig angeordneten Lungenbläschen enden.

5.2 Atemvorgang

Die Atmung wird in die äußere und die innere Atmung unterteilt. Bei der äußeren Atmung wird der Sauerstoff (chemische Formel O_2) aus der eingeatmeten Umgebungsluft über die Lungenbläschen in den Körper aufgenommen und das beim Stoffwechsel entstehende Kohlenstoffdioxid (chemische Formel CO_2) über die Lungenbläschen mit der ausgeatmeten Luft wieder abgegeben. Bei der inneren Atmung (auch Zellatmung genannt) wird der Sauerstoff an die Zellen abgegeben, Energie gewonnen und Kohlenstoffdioxid aus den Zellen wieder abgegeben.

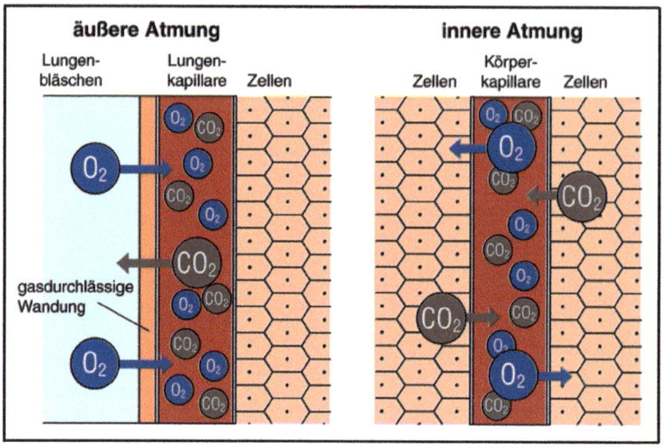

Abbildung 6:
Gliederung der Atmung
(Quelle: ecomed-Storck GmbH)

Der genaue Ablauf der äußeren und inneren Atmung kann wie folgt beschrieben werden:

- Beim Einatmen dehnt sich der Brustkorb durch Senken des Zwerchfells, das den Brustkorb nach unten hin abschließt, und durch Dehnen der Rippenmuskulatur aus. Dadurch entsteht ein Unterdruck in den Atemorganen, so dass die eingeatmete Luft über die oberen Atemwege (Nasenraum, Mundraum) in die Lunge einströmt.
- Die eingeatmete Luft gelangt dann weiter über die unteren Atemwege (Luftröhre, Hauptbronchien, Bronchiolen) bis zu den einzelnen Endpunkten der Lunge, den Lungenbläschen (Alveolen).
- Der in der eingeatmeten Luft enthaltene Sauerstoff geht mit einem bestimmten Anteil durch die nur gasdurchlässigen dünnen Wandungen der Lungenbläschen in das Blut der angrenzenden feinsten Haargefäße (Lungenkapillare) über.
- Mit dem Blutkreislauf wird der Sauerstoff dann durch die Pumpbewegung des Herzens zu den einzelnen Zellen transportiert und dort über die nur gasdurchlässigen dünnen Wandungen der angrenzenden Haargefäße (Körperkapillare) an die Zellen abgegeben.
- In den Zellen werden die mit dem Blut transportierten Nährstoffe durch Oxidation mit dem übernommenen Sauerstoff in Energie umgewandelt. Dabei entsteht unter anderem auch Kohlenstoffdioxid.

- Das entstandene Kohlenstoffdioxid wird von den Zellen über die dünnen Wandungen der angrenzenden Haargefäße (Körperkapillare) an das Blut abgegeben und dann durch die Pumpbewegung des Herzens mit dem Blutkreislauf zu den einzelnen Lungenbläschen transportiert.
- Vom Blut der angrenzenden Haargefäße (Lungenkapillare) geht das Kohlenstoffdioxid durch die dünnen Wandungen in die Lungenbläschen und somit in die Lunge über.
- Bei der Ausatmung zieht sich der Brustkorb durch Anheben des Zwerchfells und durch Zusammenziehen der Rippenmuskulatur wieder zusammen. Dadurch entsteht ein Überdruck in den Atemorganen, der dazu führt, dass die Ausatemluft über die unteren und oberen Atemwege nach außen strömt.

Die Häufigkeit dieses Atemvorgangs, das heißt, die Anzahl der Atemzüge (Einatmung und Ausatmung) innerhalb einer Minute, wird als Atemfrequenz bezeichnet. Sie beträgt bei erwachsenen Personen im Ruhezustand etwa 15 bis 20 Atemzüge pro Minute und kann unter Belastung auf über 50 Atemzüge pro Minute ansteigen.

5.2.1 Anatomischer Totraum

Die oberen und unteren Atemwege zwischen dem Nasenraum und den Bronchiolen dienen ausschließlich der Zuleitung und Ableitung von Atemluft und sind nicht direkt am Austausch von Sauerstoff und Kohlenstoffdioxid beteiligt. Ein bestimmter Teil der eingeatmeten Umgebungsluft gelangt nicht bis in die Lungenbläschen, sondern verbleibt im Bereich der Atemwege. Das Volumen dieses Bereiches wird als anatomischer Totraum bezeichnet. Hier wird die Atemluft jedoch grob gereinigt, angefeuchtet, angewärmt und transportiert. Dieser Bereich der Atemwege enthält außerdem noch einen Teil der „verbrauchten" Ausatemluft.

5.2.2 Atemsteuerung

Die Steuerung der unbewusst ablaufenden Ein- und Ausatmung erfolgt über das Atemzentrum im verlängerten Rückenmark.

Im Atemzentrum wird die Atmung an den jeweiligen Bedarf des Menschen angepasst und das Atemvolumen und die Atemfrequenz so geregelt, dass der Körper mit ausreichend Atemluft und damit auch mit Sauerstoff versorgt wird. Vereinfacht dargestellt werden mit Hilfe von verschiedenen Reizempfängern im Körper die im Blut befindlichen Anteile von Kohlenstoffdioxid und Sauerstoff gemessen, vom Atemzentrum ausgewertet und über Nervenbahnen entsprechende Anregungen an die Atemmuskulatur (Zwerchfell, Rippenmuskulatur) weitergeleitet. Schon eine geringe Zunahme von Kohlenstoffdioxid im Blut wirkt sich auf den Atemvorgang aus, zum Beispiel auf die Erhöhung der Atemfrequenz.

5.3 Atemluft

Die natürliche Umgebungsluft (Einatemluft) ist ein Gemisch aus mehreren gasförmigen Stoffen. Sie besteht aus Stickstoff (N_2), Sauerstoff (O_2), Kohlenstoffdioxid (CO_2) und verschiedenen Edelgasen mit jeweils unterschiedlichen Anteilen. Die Anteile dieser Stoffe werden in Volumenprozent angegeben. Sonstige Anteile der Umgebungsluft, zum Beispiel Luftverunreinigungen oder Feuchtigkeit, bleiben im Folgenden unberücksichtigt, auch wenn sie nahezu überall vorkommen.

Einatemluft		Bestandteile der Luft		Ausatemluft
78,00 Vol.%	←	Stickstoff (N_2)	→	78,00 Vol.%
21,00 Vol.%	←	Sauerstoff (O_2)	→	17,00 Vol.%
0,04 Vol.%	←	Kohlenstoffdioxid (CO_2)	→	4,04 Vol.%
0,96 Vol.%	←	verschiedene Edelgase	→	0,96 Vol.%

Die jeweiligen Anteile von Stickstoff und den verschiedenen Edelgasen in der Einatemluft und der Ausatemluft sind gleichbleibend, da sie nicht durch den Atemvorgang im Körper verändert werden. Durch die Stoffwechselvorgänge in den Zellen wird dagegen der Anteil von Sauerstoff herabgesetzt und der Anteil von Kohlenstoffdioxid erhöht.

Ein zu geringer Anteil von Sauerstoff in der natürlichen Umgebungsluft (Einatemluft), der durch die menschlichen Sinnesorgane nicht wahrgenommen werden kann, führt zu einer Beeinträchtigung der Stoffwechselvorgänge in den Zellen. Ab einem Sauerstoffanteil von nur noch etwa 15 Volumenprozent beginnt eine Gesundheitsgefährdung. Bei einer weiteren Verringerung des Sauerstoffanteils muss mit einem plötzlichen Zusammenbrechen und einer akuten Lebensgefahr für Einsatzkräfte (oder betroffene Personen) gerechnet werden.

5.4 Atmen unter Belastung

Atemschutzgeräteträger sind im Einsatz besonderen körperlichen Belastungen ausgesetzt, zum Beispiel durch das angelegte Atemschutzgerät, die besondere Schutzkleidung, die mitzuführenden Einsatzmittel oder die Wärmeeinwirkung durch einen Brand. Dies wirkt sich insbesondere auf das Herz-Kreislauf-System und damit verbunden auch auf die Atmung aus. Aber auch psychische Belastungen, zum Beispiel bei einem Innenangriff, einer Menschenrettung in einem brennenden Gebäude oder einem Atemschutz-Notfall sind zu berücksichtigen.

5.4.1 Atemluftverbrauch

Der Atemluftverbrauch eines Atemschutzgeräteträgers ist vor allem von der zu erbringenden körperlichen Arbeit abhängig, das heißt, je größer die Arbeit ist, umso größer ist der Sauerstoffbedarf des Körpers. Der Atemluftverbrauch hängt darüber hinaus aber auch vom Körperbau, vom Körpergewicht, vom Lebensalter, von der Einsatzerfahrung und von der allgemeinen körperlichen Verfassung des Atemschutzgeräteträgers ab. So haben zum Beispiel gut trainierte Einsatzkräfte bei gleicher zu erbringender Arbeit einen geringeren Atemluftverbrauch als untrainierte Einsatzkräfte.

Ein Atemschutzgeräteträger hat bei Einsatztätigkeiten mit einem angelegtem und angeschlossenen Pressluftatmer folgenden Atemluftverbrauch:

- Bei einer leichten Belastung, zum Beispiel beim ungehinderten Gehen, etwa 15 bis 20 Liter Atemluft pro Minute.
- Bei einer mittleren Belastung, zum Beispiel bei der Durchführung von Brandbekämpfungsmaßnahmen im Außenangriff, etwa 30 bis 40 Liter Atemluft pro Minute.
- Bei einer schweren Belastung, zum Beispiel beim Steigen über Leitern, bei einer Menschenrettung im Innenangriff oder beim Tragen eines Chemikalienschutzanzuges, etwa 50 bis 60 Liter Atemluft pro Minute.

5.4.2 Atemkrise

Die körperlichen und psychischen Belastungen im Einsatzgeschehen beeinträchtigen auch die Atmung der Atemschutzgeräteträger und können zu einer sogenannten Atemkrise führen. Eine Atemkrise mit einer damit einhergehenden sehr schnellen und flachen Atmung kann dazu führen, dass die Atemluft im anatomischen Totraum nur noch hin und her „geschoben" wird. Dadurch wird dem Körper nicht mehr ausreichend Sauerstoff zugeführt und Kohlenstoffdioxid abgeführt.

Durch die daraus folgende Erhöhung des Kohlenstoffdioxids im Blut wird die Steuerfunktion des Atemzentrums gestört beziehungsweise ein Atemluftmangel signalisiert. Der Atemschutzgeräteträger versucht dann meist unwillkürlich, den Atemluftbedarf durch noch schnelleres und flacheres Atmen wieder auszugleichen. Dadurch wird die Sauerstoffkonzentration im Blut jedoch noch weiter gesenkt. Dies kann zu Bewusstseinsstörungen führen und lebensbedrohliche Zustände hervorrufen. Durch die Anwendung einer geeigneten Atemtechnik kann der Atemschutzgeräteträger dieser Gefährdung jedoch entgegenwirken.

5.4.3 Atemtechnik

Eine ruhige und gleichmäßige (richtige) Atmung besteht aus dem Einatmen, dem Ausatmen und der Atempause. Beim Einatmen soll sich die Bauchdecke heben und beim Ausatmen wieder senken (sogenannte Bauchatmung).

Dieser Ablauf kann in Ruhephasen gedanklich nachvollzogen oder durch Auflegen einer Hand auf der Bauchdecke beobachtet werden.

Ein bewusstes, ruhiges und gleichmäßiges Einatmen und ein langsames und tiefes Ausatmen führen zu einer Verringerung der Atemfrequenz und somit auch zu einer geringeren Belastung des Herz-Kreislauf-Systems. Atemschutzgeräteträger können und sollen im Rahmen ihrer Ausbildung diese richtige Atemtechnik regelmäßig üben, um so Atemkrisen zu vermeiden. Darüber hinaus gilt für Übungen und auch Einsätze nach wie vor der oft zitierte Ratschlag:

Stehe still und sammle dich!

5.5 Einwirkungen durch Atemgifte

Der beschriebene Ablauf der äußeren und inneren Atmung kann durch die Einwirkung gesundheitsgefährdender Stoffe (Atemgifte), die über die Atemwege und/oder die Haut in den Körper gelangen, derart beeinträchtigt werden, dass für Einsatzkräfte eine erhebliche Gefährdung entsteht.

Atemgifte üben auf den menschlichen Organismus und den Atemvorgang unterschiedliche Wirkungen aus. Sie können zum Beispiel den Sauerstoff der Umgebungsluft verdrängen und somit erstickend wirken, die Atemwege reizen oder verätzen und die Lunge sowie die Lungenbläschen schädigen oder auf das Blut, die Nerven oder die Zellen einwirken. Die Gefährdung durch Atemgifte wird durch die Art, die Eigenschaften, die Menge, die Konzentration und die Einwirkungsdauer sowie die Erkennbarkeit der Atemgifte bestimmt *(siehe hierzu das nachfolgende Kapitel 6)*.

5.6 Selbstkontrolle und Testfragen

(Lösungen siehe Seite 127)

1. Aus welchen Bestandteilen besteht die natürliche Umgebungsluft?

a) 78 Volumenprozent Stickstoff
b) 17 Volumenprozent Sauerstoff
c) 21 Volumenprozent Sauerstoff
d) 0,04 Volumenprozent Kohlenstoffmonoxid
e) 0,04 Volumenprozent Kohlenstoffdioxid

2. Wie läuft der Atemvorgang ab?

a) Die eingeatmete Luft wird von der Lunge direkt an die Zellen abgegeben.
b) Der Sauerstoff der eingeatmeten Luft geht von den Lungenbläschen in das Blut der Lungenkapillare über.
c) Der Sauerstoff der eingeatmeten Luft gelangt über die Nervenbahnen zu den einzelnen Körperzellen.
d) Von den Zellen wird Kohlenstoffdioxid an das Blut abgegeben und zu den einzelnen Lungenbläschen transportiert.

3. Wovon hängt der Atemluftverbrauch eines Atemschutzgeräteträgers ab?

a) Von der körperlichen Belastung.
b) Von der Tageszeit.
c) Von der allgemeinen Verfassung.
d) Von der Größe des eingesetzten Atemschutzgerätes.

4. Welche Atemtechnik sollten Atemschutzgeräteträger anwenden?

a) Eine zügige und konzentrierte Atmung.
b) Eine ruhige und gleichmäßige Atmung.
c) Eine kurze und wirksame Atmung.
d) Eine bestimmte Atemtechnik ist nicht erforderlich.

6 Atemgifte

An vielen Einsatzstellen der Feuerwehr muss grundsätzlich mit Sauerstoffmangel und/oder mit Atemgiften gerechnet werden. Daraus ergibt sich eine unmittelbare Gefährdung sowohl für Einsatzkräfte als auch für betroffene Personen. Können Einsatzkräfte durch Sauerstoffmangel oder durch Einatmen von Atemgiften gefährdet werden, müssen sie bei ihren Einsatztätigkeiten geeignete Atemschutzgeräte verwenden. Für den Schutz von betroffenen Personen ist es erforderlich, die Personen unverzüglich aus dem Wirkungsbereich der Atemgifte herauszuholen.

Atemgifte sind feinverteilte Stoffe oder Stoffgemische in der Umgebungsluft, die über die Atemwege, die Verdauungsorgane und/oder die Haut in den Körper gelangen, vorübergehende oder bleibende Gesundheitsschäden verursachen oder sogar zum Tod führen. Zu den Atemgiften gehören auch Stoffe oder Stoffgemische, die selbst nicht gesundheitsschädlich sind, die aber den für die Atmung notwendigen Sauerstoff der Umgebungsluft verdrängen.

Atemgifte können zum Beispiel

- bei Bränden in Gebäuden oder im Freien,
- bei Betriebsstörungen in technischen oder chemischen Anlagen,
- bei Transportunfällen mit gefährlichen Stoffen und Gütern,
- bei Fäulnisprozessen in Kanälen, Schächten oder ähnlich,
- bei Gärungsprozessen in Behältern, Silos oder ähnlich,
- bei einer Düngemittelzersetzung oder
- beim Betreiben von Verbrennungsmotoren

auftreten.

Die Gefährdung durch Atemgifte wird durch die Art, die Eigenschaften, die Menge, die Konzentration, die Einwirkungsdauer sowie die Erkennbarkeit der Stoffe oder Stoffgemische bestimmt.

Für die Einsatzkräfte besteht vielfach das Problem, dass Atemgifte mit den menschlichen Sinnesorganen oftmals nur sehr schwer oder gar nicht wahrgenommen werden können. Sie können unsichtbar, geruchs- oder geschmacklos sein. Erkennbar ist unter Umständen die Wirkung der Atemgifte. Dazu gehören zum Beispiel Hautreizungen, Übelkeit oder Hustenreiz. Werden derartige Wirkungen erkannt, kann jedoch schon eine erhebliche gesundheitliche Schädigung eingetreten sein, deren Auswirkungen nur schwer oder auch gar nicht zu beheben sind.

Hinweis: Werden an einer Einsatzstelle Gefahren durch Atemgifte oder Sauerstoffmangel erkannt oder auch nur vermutet, ist der Einsatz von geeigneten Atemschutzgeräten unbedingt erforderlich!

6.1 Eigenschaften der Atemgifte

Entsprechend ihrem Aggregatzustand können Atemgifte fest, flüssig oder gasförmig vorkommen. Sie können weiterhin leichter oder schwerer als Luft und auch wasserlöslich sein. Bei den festen Atemgiften handelt es sich um kleine oder kleinste Teilchen, zum Beispiel Stäube, Asche oder Ruß, die als Schwebstoffe in der Umgebungsluft auftreten. Flüssige Atemgifte sind kleine oder kleinste Flüssigkeitstropfen, zum Beispiel Nebel oder Aerosole. Gasförmige Atemgifte sind Dämpfe oder Gase in der Umgebungsluft, zum Beispiel Benzindämpfe oder nitrose Gase.

- Unter Dämpfen versteht man den gasförmigen Zustand von flüssigen Stoffen, deren Siedepunkt bei einem Luftdruck von 1.013 Hektopascal über der Temperatur von 20 Grad Celsius liegt.
- Gase sind die Stoffe, die bei einem Luftdruck von 1.013 Hektopascal und einer Temperatur von 20 Grad Celsius im gasförmigen Zustand vorliegen. Ihr Siedepunkt liegt unter einer Temperatur von 20 Grad Celsius.

Gasförmige Atemgifte, die leichter als Luft sind, bilden außerhalb von Gebäuden vorwiegend an der Entstehungsstelle oder Austrittsöffnung aufgrund der dort herrschenden Konzentration eine größere Gefahr.

Mit zunehmendem Abstand lässt die Konzentration und somit auch die Gefährdung nach, da sich diese Atemgifte aufgrund ihrer geringen Dichte in höhere Luftschichten verflüchtigen und durch die Vermischung mit der Umgebungsluft verdünnt werden. Dieser Vorgang vollzieht sich jedoch so nur im Freien; in geschlossenen Räumen können diese Atemgifte nicht entweichen, sich „stauen“ und solange eine Gefahr darstellen, bis sie durch gründliche Lüftungsmaßnahmen abgeführt werden.

Gasförmige Atemgifte, die schwerer als Luft sind, sammeln sich in geschlossenen Räumen mit hohen Konzentrationen oberhalb des Fußbodens. Sie verhalten sich fast wie Flüssigkeiten und können zum Beispiel auch in tiefergelegene Räume, Gruben, Kanäle oder Schächte „fließen“. Im Freien können sich diese Atemgifte an windgeschützten oder tiefergelegenen Stellen sammeln und so für längere Zeit eine Gefahr darstellen. Nach und nach werden sich diese Atemgifte aber mit der Umgebungsluft vermischen und so ihre schädigende Wirkung verlieren.

Bestimmte Atemgifte werden weiterhin auch nach ihrer Wasserlöslichkeit unterschieden. Leicht wasserlösliche Atemgifte lösen sich bereits in den oberen, feuchten Atemwegen und bewirken dort eine Schädigung. Schwer wasserlösliche Atemgifte gelangen bis in die Lunge und bewirken dort vor allem eine Schädigung der Lungenbläschen.

6.2 Wirkungen der Atemgifte

Atemgifte werden in Abhängigkeit von ihren Eigenschaften und ihrer hauptsächlichen Wirkung auf den Organismus wie folgt eingeteilt:

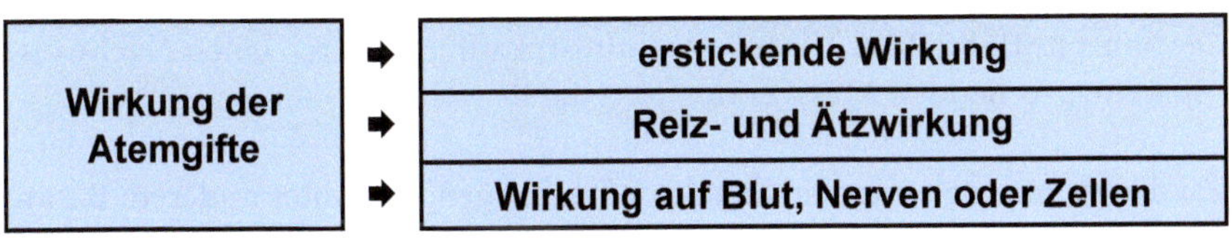

Eine genaue Abgrenzung der Wirkung der verschiedenen Atemgifte ist nicht immer möglich, da bestimmte Stoffe oder Stoffgemische auch mehrere der genannten Wirkungen aufweisen können. Es ist aber zweckmäßig, eine Einteilung der Atemgifte vorzunehmen, um deren hauptsächliche Wirkung zu bestimmen und die sich daraus ergebenden Schutzmaßnahmen für Einsatzkräfte und betroffene Personen festzulegen zu können.

6.2.1 Atemgifte mit erstickender Wirkung

Atemgifte mit erstickender Wirkung sind gasförmig und selbst nicht giftig. Sie führen nicht zu Vergiftungen im Körper und somit zu keiner direkten Schädigung der Atmung. Durch ihr Vorhandensein in der Umgebungsluft (Einatemluft) können diese Atemgifte den für die Atmung notwendigen Sauerstoff der Luft verdrängen und auf eine für die Atmung nicht mehr ausreichende Menge (unter 15 Prozent) herabsetzen oder ganz unterbinden. Der Körper wird dann nicht mehr ausreichend mit Sauerstoff zur Aufrechterhaltung der Körperfunktionen versorgt.

Diese Atemgifte sind meist farblos, geruchlos und geschmacklos und so mit den Sinnesorganen für den Menschen nicht unmittelbar wahrnehmbar. Durch das Einwirken derartiger Atemgifte können Übelkeit, Erbrechen, Einschränkungen der Bewegungsfähigkeit und des Bewusstseins, beschleunigte Atmung und beschleunigter Herzschlag sowie bei hohen Konzentrationen und auch plötzlich und ohne vorherige Anzeichen Bewusstlosigkeit, Atemstillstand und Herzstillstand eintreten.

Hinweis: Atemgifte mit erstickender Wirkung verdrängen nur in hohen Konzentrationen den Sauerstoff der Umgebungsluft. Wie hoch der jeweilige Sauerstoffanteil der Umgebungsluft ist, kann nur durch einen Nachweis mit entsprechenden Messgeräten festgestellt werden.

Zu den Atemgiften mit erstickender Wirkung gehören unter anderem Butan, Methan, Propan, Stickstoff oder Wasserstoff.

Methan (chemische Formel CH_4):
• ein farbloses, geruchloses und entzündbares Gas • leichter als Luft • zu etwa 85 Prozent bis 98 Prozent in Erdgas enthalten • entsteht unter anderem bei der Fäulnis organischer Stoffe unter Luftabschluss oder in Kanalisationen sowie bei der Herstellung von Biogas • kann Übelkeit, Schläfrigkeit, Einschränkungen der Bewegungsfähigkeit und des Bewusstseins, erhöhte Atem- und Herzfrequenz sowie in hohen Konzentrationen Bewusstlosigkeit und Atemstillstand bewirken

Stickstoff (chemische Formel N_2):
• ein farbloses, geruchloses und nichtbrennbares Gas • etwas leichter als Luft • zu 78 Prozent in der Umgebungsluft enthalten • in Düngemitteln und verschiedenen organischen Verbindungen enthalten • wird unter anderem als Schutzgas in der Lebensmittelindustrie und beim Schweißen oder als Treibgas in Feuerlöschern verwendet • kann Einschränkungen der Bewegungsfähigkeit und des Bewusstseins und in hohen Konzentrationen Bewusstlosigkeit und Atemstillstand bewirken

6.2.2 Atemgifte mit Reiz- und Ätzwirkung

Atemgifte mit Reiz- und Ätzwirkung sind mehr oder weniger wasserlöslich und bilden in Verbindung mit Wasser oder Feuchtigkeit Säuren oder Laugen. Leicht wasserlösliche Atemgifte können bereits in geringen Konzentrationen Reizungen oder Verätzungen der meist feuchten Schleimhäute der oberen Atemwege (Mund, Nase, Rachen) und auch Reizungen der Augen und/oder der Oberfläche der Haut bewirken. Durch die Reizungen sind diese Atemgifte für Einsatzkräfte und betroffene Personen schnell zu erkennen. Schwer wasserlösliche Atemgifte können über die oberen Atemwege in die Lunge gelangen und dort Verätzungen der Lungenbläschen bewirken.

Die Wandungen der sonst nur gasdurchlässigen Lungenbläschen werden dabei zerstört, der Durchgang des Sauerstoffs zum Blutkreislauf wird verhindert und es kommt zu Flüssigkeitsansammlungen in der Lunge (Lungenödem). Diese Schädigungen werden oftmals erst nach einer längeren Einwirkzeit – der sogenannten Latenzzeit bemerkt. Durch das Einwirken dieser Atemgifte können Husten, Übelkeit, Erbrechen, Atembeschwerden sowie bei einem Lungenödem eine „rasselnde" Atmung oder beim Husten ein schaumiger bis blutiger Auswurf eintreten.

Hinweis: Die Latenzzeit ist die Zeitspanne zwischen der Aufnahme eines Atemgiftes in den Körper und dem Erkennen einer Schädigung. Sie kann bei bestimmten Stoffen bis zu 48 Stunden betragen.

Zu den Atemgiften mit Reiz- und Ätzwirkung gehören unter anderem Ammoniak, Chlor, nitrose Gase, Schwefeldioxid, Phosgen, Säure- und Laugendämpfe sowie Stäube von Ätzkalk oder Ätznatron.

Ammoniak (chemische Formel NH_3):

- ein farbloses, leicht wasserlösliches, giftiges Gas, mit stechendem Geruch
- leichter als Luft
- wird unter anderem in Kühl- und Kälteanlagen, in Rauchgasreinigungsanlagen oder bei der Düngemittelherstellung verwendet
- kann Hustenreiz, Übelkeit, Verätzungen der Atemwege, Augen und Haut sowie nach längerer Einwirkzeit ein Lungenödem bewirken

Chlor (chemische Formel Cl_2):

- ein gelblichgrünes, wasserlösliches, giftiges Gas, mit stechendem Geruch
- ist etwa 2,5-mal schwerer als Luft
- wird unter anderem in der chemischen Industrie, zur Wasseraufbereitung oder als Desinfektionsmittel in Schwimmbädern verwendet
- kann Reizungen der Atemwege, Augen und Haut sowie in hohen Konzentrationen nach längerer Einwirkzeit Verätzungen der Atemwege bewirken

Nitrose Gase (chemisch Formel NO, NO_2, ...):
• gelbbraune bis rotbraune, schwer wasserlösliche und zum Teil sehr giftige Gase, mit stechendem Geruch • schwerer als Luft • entstehen unter anderem beim Kontakt von Salpetersäure mit organischen Stoffen oder Metall, beim Schweißen oder bei Düngemittelzersetzung • können geringe Reizungen der Atemwege und Augen, nach längerer Einwirkzeit Atemnot, Schmerzen im Brustbereich, erhöhte Puls- und Atemfrequenz und in hohen Konzentrationen ein Lungenödem bewirken

6.2.3 Atemgifte mit Wirkung auf Blut, Nerven oder Zellen

Atemgifte mit Wirkung auf Blut, Nerven oder Zellen gelangen durch Einatmen über die Lunge und/oder durch Einwirkungen über die Haut in den Blutkreislauf oder zu den Organen und bewirken vorwiegend Funktionsstörungen des Körpers. Bestimmte Atemgifte stören die Aufnahme von Sauerstoff in das Blut und beeinträchtigen den Transport von Sauerstoff durch das Blut (sogenannte Blutgifte). Andere Atemgifte beeinflussen oder lähmen die Nerven sowie das Nervensystem und stören die Steuer- und Regelfunktionen im Organismus (sogenannte Nervengifte). Wieder andere Atemgifte beeinträchtigen die Abgabe von Sauerstoff vom Blut an die Zellen und stören die Funktion der Zellen (sogenannte Zellgifte).

Diese Atemgifte sind meist farblos, geruchlos und geschmacklos und so mit den Sinnesorganen nicht unmittelbar wahrnehmbar und können bereits in sehr geringen Konzentrationen den Organismus schädigen. Durch das Einwirken derartiger Atemgifte können zum Beispiel Kopfschmerzen, Schwindelgefühl, beschleunigter Herzschlag, narkotische Wirkungen oder Bewusstseinsstörungen sowie bei bestimmten Konzentrationen und auch nach kurzer Einwirkzeit Bewusstlosigkeit und Herzstillstand eintreten.

Zu den Atemgiften mit Wirkung auf Blut, Nerven oder Zellen gehören unter anderem Acetylen, Aceton, Benzin, Blausäure, Dämpfe von Lösungsmitteln, Kohlenstoffmonoxid oder Kohlenstoffdioxid.

Kohlenstoffmonoxid (chemische Formel CO):
• ein farbloses, geruchloses, geschmackloses, sehr giftiges Gas • mit den menschlichen Sinnesorganen nicht wahrnehmbar • etwas leichter als Luft • entsteht zum Beispiel durch die unvollkommene Verbrennung bei Schwelbränden oder durch technische Störungen an Heizungsanlagen • wirkt als Blutgift • kann in geringen Konzentrationen Kopfschmerzen, Schwindelgefühl oder Bewusstseinsstörungen und in höheren Konzentrationen nach kurzer Einwirkzeit Bewusstlosigkeit und Herzstillstand bewirken

Kohlenstoffdioxid (chemische Formel CO_2):
• ein farbloses, weitgehend geruchloses nicht brennbares Gas • etwas schwerer als Luft • entsteht zum Beispiel durch die vollständige Verbrennung organischer Stoffe oder auch bei Fäulnis organischer Stoffe • wird unter anderem in der Lebensmitteltechnologie, in Kühl- und Kälteanlagen, als Schutzgas beim Schweißen oder als Löschmittel verwendet • wirkt als Nervengift • kann in geringen Konzentrationen Kopfschmerzen, Schwindelgefühl oder beschleunigten Herzschlag und in höheren Konzentrationen nach kurzer Einwirkzeit schlagartige Bewusstlosigkeit und Herzstillstand bewirken

6.3 Brandrauch

Brandrauch ist ein sichtbares Gemisch aus festen, flüssigen und gasförmigen Verbrennungsprodukten, das sich aus einer Vielzahl unterschiedlicher Atemgifte in unterschiedlichen Konzentrationen und mit unterschiedlichen Wirkungen zusammensetzt. Die Zusammensetzung des Brandrauches hängt nicht nur von der Art der verbrannten Stoffe ab, sondern auch von der Verbrennungstemperatur, der Verbrennungsgeschwindigkeit und von der Sauerstoffkonzentration bei der Verbrennung.

Abbildung 7: Gefährdung durch Brandrauch (Quelle: Marc Köppelmann, Paderborn)

Im Brandrauch sind vor allem Kohlenstoffmonoxid, Kohlenstoffdioxid, Stickoxide, Salzsäure, Schwefeldioxid, Phosgen, nitrose Gase, Blausäure, Teerkondensate, Ruß, Asche und Wasserdampf enthalten.

Die Gefährlichkeit von Brandrauch liegt insbesondere im gleichzeitigen Zusammenwirken mehrerer Atemgifte. Da die genaue Zusammensetzung und Menge der unterschiedlichen Verbrennungsprodukte üblicherweise nicht bekannt sind, lassen sich auch die tatsächlich entstehenden Atemgifte und deren Wirkungen nicht ohne Weiteres genau bestimmen. Neben dem bei der Verbrennung verfügbaren Sauerstoff spielt die Verbrennungstemperatur eine entscheidende Rolle. Je höher die Verbrennungstemperatur ist, umso vollkommener ist die Verbrennung und umso niedriger ist der Gehalt an Atemgiften im Brandrauch.

Bei „normalen“ Bränden wird die Giftigkeit des Brandrauches meist vom Kohlenstoffmonoxid bestimmt, da die übrigen Atemgifte zusammen meist nicht die Menge des entstehenden Kohlenstoffmonoxids erreichen und größtenteils auch eine weit geringere Giftigkeit besitzen. Die meisten Todesfälle bei Bränden in Gebäuden haben eine Vergiftung der betroffenen Personen durch Kohlenstoffmonoxid als Ursache.

Beim Einatmen von Brandrauch können die Atemorgane der betroffenen Personen durch heiße Brandgase und/oder Atemgifte (Inhalationstrauma) geschädigt werden. Eine Vorstufe des Inhalationstraumas ist die Rauchvergiftung, eine Vergiftung durch Kohlenstoffmonoxid und andere Atemgifte. Rauchvergiftungen oder Inhalationstraumata können von Reizwirkungen über Fluchtunfähigkeit bis hin zu Bewusstlosigkeit oder Tod verschiedene Wirkungen bei betroffenen Personen auslösen.

Darüber hinaus kann durch den entstehenden Brandrauch innerhalb von wenigen Minuten die Sichtweite im Bereich einer Brandstelle soweit absinken, dass betroffene Personen die Orientierung verlieren und sich nicht mehr selbst in Sicherheit bringen können. Dies kann die Personen zu unkontrollierten Angst- und Panikreaktionen verleiten.

6.4 Selbstkontrolle und Testfragen

(Lösungen siehe Seite 127)

1. In welchen Fällen können Atemgifte auftreten?

a) Bei Betriebsstörungen in chemischen Anlagen.
b) Bei Bränden in geschlossenen Räumen oder im Freien.
c) Beim Betreiben von Verbrennungsmotoren.
d) Bei chemischen Reaktionen im Körper eines Menschen.

2. Welche Wirkungen können Atemgifte auf den ungeschützten Körper des Menschen haben?

a) Eine erstickende Wirkung.
b) Eine benebelnde Wirkung.
c) Eine Reiz- und Ätzwirkung.
d) Eine Wirkung auf Blut, Nerven oder Zellen.
e) Eine aufregende Wirkung.

3. Was bedeutet der Begriff „Latenzzeit"?

a) Die Zeit zwischen dem Entstehen eines Atemgiftes und der Aufnahme in den Körper des Menschen.
b) Die Zeit zwischen der Aufnahme eines Atemgiftes in den Körper des Menschen und dem Erkennen einer Schädigung.
c) Die Zeit zwischen der Aufnahme eines Atemgiftes in den Körper des Menschen und dem Wirksamwerden des Atemgiftes.

4. Welche Aussagen sind richtig?

a) Stickstoff ist ein Atemgift mit erstickender Wirkung.
b) Kohlenstoffdioxid ist ein Atemgift mit Reiz- und Ätzwirkung.
c) Chlor ist ein Atemgift mit Reiz- und Ätzwirkung.
d) Kohlenstoffmonoxid ist ein Atemgift mit erstickender Wirkung.

7 Atemschutzgeräte

Atemschutzgeräte ermöglichen den Einsatz der Feuerwehr auch beim Vorhandensein von Atemgiften und/oder Sauerstoffmangel in der Umgebungsluft. Die Verwendung von Atemschutzgeräten erfordert von den Einsatzkräften genaue Kenntnisse über die Schutzwirkungen, über den Aufbau und die Funktionen sowie über die Einsatzmöglichkeiten und Einsatzgrenzen der verschiedenen Atemschutzgeräte. Es dürfen nur genormte Atemschutzgeräte verwendet werden, die für die jeweiligen Einsatzaufgaben der Feuerwehr geeignet und zugelassen sind.

7.1 Einteilung

Atemschutzgeräte werden entsprechend ihrer grundlegenden Funktion und ihrer jeweiligen Schutzwirkung in Filtergeräte und Isoliergeräte eingeteilt. Sie bestehen jeweils aus einem Atemanschluss und einem Atemfilter (Filtergeräte) beziehungsweise aus einem Atemanschluss und einem Luftversorgungssystem (Isoliergeräte).

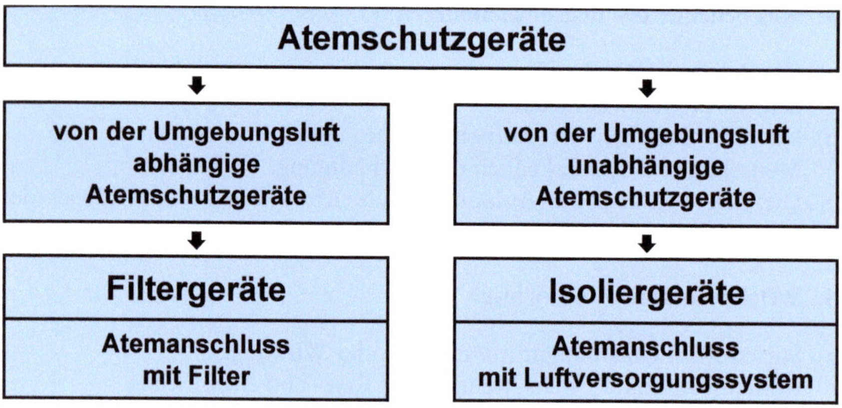

Filtergeräte wirken durch Reinigen der einzuatmenden Umgebungsluft, Isoliergeräte durch Zufuhr von nicht verunreinigter Atemluft aus einem Luftversorgungssystem. Isoliergeräte werden in Behältergeräte mit Druckluft (Pressluftatmer), Schlauchgeräte und Regenerationsgeräte unterteilt.

7.2 Atemanschlüsse

Der Atemanschluss ist der Teil eines Atemschutzgerätes, der die Verbindung zwischen dem Atemschutzgerät und den Atemwegen des Atemschutzgeräteträgers herstellt. Über den Atemanschluss wird atembare Luft in den Nasen- und Mundbereich des Atemschutzgeräteträgers geleitet. Von den Feuerwehren werden grundsätzlich nur Vollmasken oder Masken-Helm-Kombinationen als Atemanschluss verwendet.

Atemanschlüsse können den Atemschutzgeräteträgern persönlich zugeteilt werden und/oder Teil der Beladung von Einsatzfahrzeugen sein. Wenn der Atemanschluss zur persönlichen Ausrüstung gehört, ist die personenbezogene Zuordnung in geeigneter Weise kenntlich zu machen. Es ist sicherzustellen, dass jedem Atemschutzgeräteträger ein passender Atemanschluss zur Verfügung steht. Für Atemschutzgeräteträger, die das erforderliche Sehvermögen nur mit einer Brille erreichen, muss eine spezielle innenliegende Maskenbrille bereitgestellt werden. Die Maskenbrille muss in den persönlich zugeteilten Atemanschluss eingesetzt sein und im Einsatz und bei Übungen getragen werden. Maskenbrillen, die über die Dichtlinie des Atemanschlusses verlaufen, sind nicht zulässig.

7.2.1 Vollmaske

Eine Vollmaske umschließt das Gesicht des Atemschutzgeräteträgers und bedeckt dabei Augen, Nase, Mund und Kinn. Sie sichert einen angemessenen dichten Abschluss des Gesichtes gegenüber der Umgebungsluft, wenn der Kopf bewegt wird oder wenn der Atemschutzgeräteträger spricht, und schützt darüber hinaus das Gesicht vor Wärmestrahlung, gefährlichen Stoffen und bestimmten mechanischen Einwirkungen.

Abbildung 8:
Vollmaske
(Quelle: Drägerwerk AG & Co. KGaA, Lübeck)

Eine Vollmaske besteht aus einem Maskenkörper, einer Kopfbänderung mit Trageband, einer Sichtscheibe, einer Innenmaske mit Steuerventilen, einem Anschlussstück für den Filter oder den Lungenautomaten sowie einem Einatemventil, einem Ausatemventil und einer Sprechmembran.

■ Maskenkörper

Der Maskenkörper ist der Hauptbestandteil einer Vollmaske, an dem die funktionellen Bestandteile der Maske angebracht sind. Er besteht aus gummielastischem Material, mit einem breiten umlaufenden Dichtrahmen, der bei richtigem Anlegen und Überprüfen der Vollmaske an der Gesichtsfläche des Atemschutzgeräteträgers luftdicht anliegt.

■ Kopfbänderung und Trageband

Am Maskenkörper ist eine der Kopfform angepasste Bänderung aus gummielastischem Material mit Kopfplatte, Stirn-, Schläfen- und Nackenbändern (5-Punkt-Bänderung) und einem Trageband angebracht.

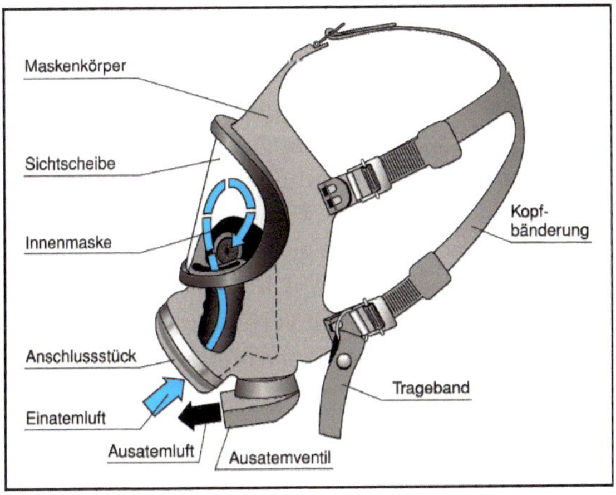

Abbildung 9:
Bestandteile und Atemluftführung einer Vollmaske
(Quelle: MSA Deutschland GmbH, Berlin)

Die Kopfbänderung ist im angelegten Zustand einfach und stufenlos einstellbar und stellt so den notwendigen festen, luftdichten und doch bequemen Halt der Vollmaske am Kopf des Atemschutzgeräteträgers sicher. Sie ist mit speziellen Schnellverschlüssen ausgestattet, die ein leichtes Anlegen beziehungsweise Ablegen der Vollmaske ermöglichen. Mit dem um den Hals gelegten Trageband kann der Atemschutzgeräteträger die Vollmaske in Bereitschaft vor der Brust tragen.

■ Sichtscheibe

Im Maskenkörper der Vollmaske ist eine austauschbare, stoß- und wärmebeständige Sichtscheibe aus speziellem Kunststoff mit einem Spannrahmen luftdicht eingebaut. Durch eine entsprechend gestaltete Form der Sichtscheibe und der Verbindungselemente zum Maskenkörper wird gewährleistet, dass die Sicht des Atemschutzgeräteträgers nicht zu sehr beeinträchtigt oder verzerrt wird. Die Sichtscheibe dient zusätzlich auch als Augenschutz für den Atemschutzgeräteträger.

Innenmaske

Die Innenmaske mit den beiden Steuerventilen umschließt den Mund und die Nase des Atemschutzgeräteträgers. Sie teilt das Innere der Vollmaske in einen Raum zwischen der Sichtscheibe und der Innenmaske und einen Raum im Inneren der Innenmaske, in dem sich die Atemluft sammelt. Dieser Bereich wird auch als Maskentotraum bezeichnet. Beim Einatmen wird die Luft zuerst entlang der Innenseite der Sichtscheibe geführt und gelangt dann durch die Steuerventile in die Innenmaske *(siehe Abbildung 8)*. Dadurch wird ein Beschlagen der Innenseite der Sichtscheibe verhindert. Beim Ausatmen schließen die Steuerventile der Innenmaske, sodass die Luft nur über das Ausatemventil entweichen kann.

Anschlussstück

Im Maskenkörper ist ein Anschlussstück befestigt, an dem ein Filter angeschraubt oder ein Lungenautomat angeschraubt beziehungsweise eingesteckt werden kann. Um beim Anschluss an die unterschiedlichen Atemschutzgeräte (Normaldruck, Überdruck) Verwechslungen zu vermeiden, sind die Anschlussstücke der Vollmasken in Normaldruckausführung mit einem Rundgewinde und die Anschlussstücke der Vollmasken in Überdruckausführung mit einem Gewinde M 45 × 3 oder einem Einheits-Steckanschluss (ESA) und zusätzlich mit einer roten Kennzeichnung versehen. Anschlussstücke mit Einheits-Steckanschluss sind außerdem mit einem Rundgewinde ausgerüstet, das den Anschluss von Atemfiltern ermöglicht.

Einatemventil

Im Bereich der Luftzuführung des Anschlussstückes befindet sich das Einatemventil, das beim Einatmen selbstständig öffnet und beim Ausatmen wieder schließt. Dieses Rückschlagventil ermöglicht den Zutritt von Atemluft in die Vollmaske und verhindert, dass die Luft, die der Atemschutzgeräteträger ausatmet, auf dem Einlassweg abströmt.

■ Ausatemventil

Unterhalb des Anschlussstückes befindet sich das Ausatemventil, das beim Ausatmen selbstständig öffnet und beim Einatmen wieder schließt. Es ermöglicht das Ausströmen der ausgeatmeten Luft aus der Vollmaske direkt nach außen in die Umgebungsluft. Bei Vollmaske in Überdruckausführung wird das Ausatemventil mit einer Feder belastet, um so einen Überdruck in der Vollmaske aufrecht zu erhalten. Das Ausatemventil öffnet erst bei einem Druck, der über dem Druck der Umgebungsluft liegt.

■ Sprechmembran

Im Anschlussstück befindet sich weiterhin eine Sprechmembrane, die bei „normalem" Sprechen eine bessere sprachliche Verständlichkeit des Atemschutzgeräteträgers mit seiner Umgebung ermöglicht.

7.2.2 Masken-Helm-Kombination

Eine Masken-Helm-Kombination besteht aus einem dafür geeigneten Feuerwehrhelm und einer Vollmaske, die mit zwei einstellbaren herstellerspezifischen Verbindungselementen am Feuerwehrhelm befestigt wird. Die Verbindungselemente ersetzen die sonst an einer Vollmaske übliche Kopfbänderung. Diese Vollmaske funktioniert nur in der Kombination mit dem Feuerwehrhelm als vollständiger Atemanschluss. Der Feuerwehrhelm schützt dabei den Kopf des Atemschutzgeräteträgers und dient über das Verbindungssystem als Tragevorrichtung für die Vollmaske. Ein Absetzen des Helms zum Ablegen der Vollmaske ist somit nicht erforderlich.

Im Gegensatz zu der 5-Punkt-Kopfbänderung mit Stirn-, Schläfen- und Nackenbändern einer üblichen Vollmaske ergibt sich bei der Masken-Helm-Kombination jedoch nur eine 2-Punkt-Befestigung der Maske. Um bei der Verwendung einer Masken-Helm-Kombination einen einwandfreien Dichtsitz der Vollmaske zu erreichen, muss der Atemschutzgeräteträger deshalb auf eine sehr genaue Einstellung seines Feuerwehrhelmes achten.

Abbildung 10: Masken-Helm-Kombination
(Quelle: Drägerwerk AG & Co. KGaA, Lübeck)

7.3 Filtergeräte

Filtergeräte sind von der Umgebungsluft abhängig wirkende Atemschutzgeräte, bei denen die eingeatmete Umgebungsluft erst durch einen Filter strömt. Filtergeräte bestehen aus einem Atemanschluss (Vollmaske) und einem eingeschraubten Filter. Im Filter werden im bestimmten Umfang Schadstoffe durch physikalische Bindung und/oder chemische Umsetzung aus der eingeatmeten Umgebungsluft entfernt, im Filter gebunden und dem Atemschutzgeräteträger so geeignete Atemluft zugeführt.

Bei der Verwendung eines Filtergerätes wird durch den Einatemvorgang des Atemschutzgeräteträgers im Atemanschluss und im angeschlossenen Filter ein Unterdruck erzeugt. Die mit Verunreinigungen und/oder Schadstoffen angereicherte Umgebungsluft strömt zunächst durch den Filter. Dort werden je nach Filtertyp feste, flüssige oder gasförmige Schadstoffe aus der eingeatmeten Umgebungsluft entfernt und im Filter gebunden.

Abbildung 11:
Filtergerät mit Vollmaske und Kombinationsfilter (Quelle: Drägerwerk AG & Co. KGaA, Lübeck)

Da sich Atemschutzgeräteträger mit Filtergeräten frei bewegen können, ist deren Verwendung zunächst unabhängig von einem bestimmten Ort möglich. Die Einsatzmöglichkeit der Filtergeräte ist jedoch von der Zusammensetzung der Umgebungsluft, von dem Aufnahmevermögen der verwendeten Filter und von der Einsatzdauer abhängig.

Bei der Verwendung von Filtergeräten muss unbedingt beachtet werden, dass sich Sauerstoffmangel mit einem Filtergerät nicht beheben lässt. Deshalb dürfen Filtergeräte nur dann eingesetzt werden, wenn die Zusammensetzung der Umgebungsluft bestimmten Voraussetzungen entspricht *(siehe hierzu auch Kapitel 5.2)*.

7.3.1 Aufbau, Arten und Wirkungsweisen der Filter

Filter bestehen aus einem Gehäuse aus Metall, Kunststoff oder Verbundwerkstoff, mit einer Lufteintrittsöffnung, den durch offenporige Lochscheiben oder Siebe getrennten Filterschichten und einer Luftaustrittsöffnung mit Gewindestück zur Befestigung am Atemanschluss. Sie werden in Partikelfilter, Gasfilter und Kombinationsfilter unterschieden.

■ Partikelfilter

Partikelfilter enthalten eine fest eingebaute Filterschicht aus Mikrofaserstoffen, die feste Partikel und flüssige Aerosole, zum Beispiel Staub, Rauch und/oder Nebel, bis zu einer bestimmten Form und Größe vorwiegend mechanisch zurückhalten. Sie werden entsprechend ihrer Filterklasse (= Rückhaltevermögen) eingeteilt und durch den Kennbuchstaben P sowie durch einen weißen Ring auf dem Filtergehäuse gekennzeichnet.

Tabelle 5: Filterklassen der Partikelfilter

Filterklasse	Rückhaltevermögen
P1	Partikelfilter mit geringem Rückhaltevermögen
P2	Partikelfilter mit mittlerem Rückhaltevermögen
P3	Partikelfilter mit großem Rückhaltevermögen

■ Gasfilter

Gasfilter enthalten eine Filterschicht aus Aktivkohle, die aufgrund ihrer porösen Oberfläche in der Lage ist, bestimmte Gase und/oder Dämpfe chemisch zu binden (zu adsorbieren) und aufzunehmen. Sie werden entsprechend ihrer Filterklasse (= Aufnahmevermögen) und ihrem Filtertyp (= Anwendungsbereich) eingeteilt und durch einen Kennbuchstaben sowie durch einen farbigen Ring auf dem Filtergehäuse gekennzeichnet. Gasfilter dürfen grundsätzlich nur gegen solche Gase und Dämpfe eingesetzt werden, die der Atemschutzgeräteträger bei einem Filterdurchbruch (= Sättigung des Filters) riechen oder schmecken kann.

Tabelle 6: Filterklassen der Gasfilter

Filterklasse	Aufnahmevermögen
1	Gasfilter mit geringem Aufnahmevermögen
2	Gasfilter mit mittlerem Aufnahmevermögen
3	Gasfilter mit großem Aufnahmevermögen

Tabelle 7: Beispiele für Filtertypen der Gasfilter

Filtertyp	Kennfarbe	Anwendungsbereich
A	braun	organische Gase und Dämpfe, zum Beispiel Aceton, Benzin, Isopropanol, Lösemittel oder ähnlich
B	grau	anorganische Gase und Dämpfe, zum Beispiel Chlor, Cyanwasserstoff (Blausäure) oder ähnlich
E	gelb	saure Gase und Dämpfe, zum Beispiel Salzsäure, Schwefeldioxid, Essigsäure oder ähnlich
K	grün	Ammoniak und Ammoniakverbindungen
CO	schwarz	Kohlenstoffmonoxid

■ Kombinationsfilter

Kombinationsfilter bestehen aus einem Partikelfilterteil und mehreren Gasfilterteilen, die zusammen in einem Filtergehäuse untergebracht sind. Dabei ist das Partikelfilterteil in Strömungsrichtung vor den Gasfilterteilen angeordnet. Es gelten die Kennzeichnungen für die Filterklassen und Filtertypen der jeweiligen Filterkombination. Um einen möglichst breiten Anwendungsbereich abdecken zu können, werden für Feuerwehreinsätze üblicherweise Kombinationsfilter des Gasfiltertyps A, B, E und K, jeweils mit Gasfilterklasse 2 und der Partikelfilterklasse P3 (ABEK2-P3-Filter) verwendet.

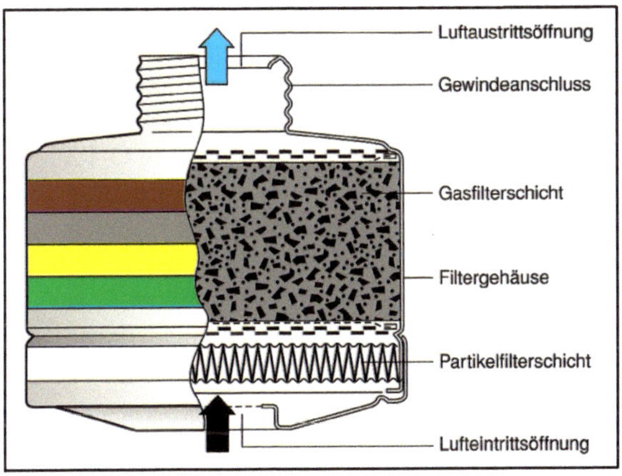

Abbildung 12: Aufbau und Kennzeichnung eines Kombinationsfilters (Quelle: MSA Deutschland GmbH, Berlin)

7.3.2 Gebrauchsdauer der Filter

Die Gebrauchsdauer der Filter wird durch die Art, Größe und Konzentration der Partikel oder Aerosole beziehungsweise der Gase oder Dämpfe in der Umgebungsluft beeinflusst. Sie hängt weiterhin vom Luftbedarf des Atemschutzgeräteträgers in Abhängigkeit von der Einsatztätigkeit und der persönlichen Verfassung (Atemfrequenz, ...) sowie vom Rückhalte- beziehungsweise Aufnahmevermögen der jeweiligen Filterschichten ab. Das Überschreiten des Rückhalte- beziehungsweise Aufnahmevermögens der Filter ist bei ungünstigen Einsatzverhältnissen durchaus schon nach wenigen Minuten möglich. Geöffnete und unbenutzte Filter (zum Beispiel mit abgelaufener Lagerzeit) können zu Ausbildungs- und Übungszwecken weiterverwendet werden. Geöffnete und benutzte Filter müssen aber, auch nach nur kurzem Einsatz, unbrauchbar gemacht und ordnungsgemäß entsorgt werden. Die Angaben des Herstellers der Filter sind bei der Handhabung, Lagerung und Entsorgung jeweils genau zu beachten.

7.3.3 Brandfluchthauben

Brandfluchthauben (Filtergeräte mit Haube zur Selbstrettung bei Bränden) sind spezielle Filtergeräte, die nur für den einmaligen Gebrauch bestimmt sind und für eine bestimmte Zeit vor Brandrauch und Kohlenstoffmonoxid schützen. Sie ermöglichen die Flucht von Personen und unterstützen deren Rettung durch Einsatzkräfte der Feuerwehr. Die Wirkungsweise der Brandfluchthauben entspricht der Wirkungsweise der Filtergeräte.

Brandfluchthauben bestehen aus einer Kopfhaube aus flammhemmendem Material, mit einem großen Sichtfenster, einer elastischen Halskrause, einem Atemanschluss und einem eingearbeiteten Kombinationsfilter (CO-P2). Sie werden unter anderem auf Einsatzfahrzeugen der Feuerwehr mitgeführt und von Einsatzkräften verwendet, die zur Rettung von Personen in brennende oder verrauchte Gebäude vorgehen. Sie können auch an zentralen Stellen von Gebäuden, zum Beispiel in Krankenhäusern oder Pflegeheimen, für die Feuerwehr bereitgehalten werden, damit im Einsatzfall schnell darauf zurückgegriffen werden kann.

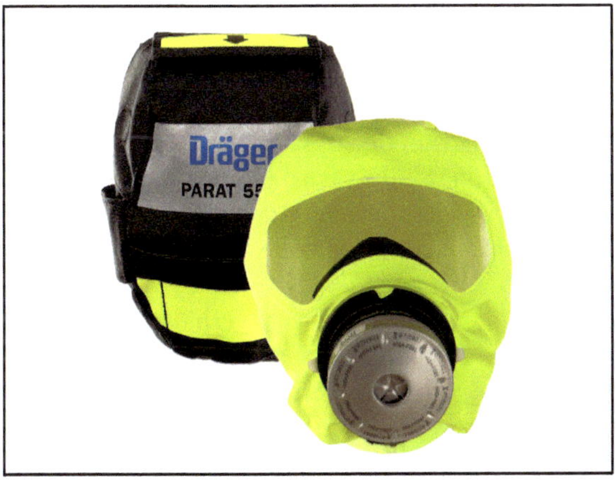

Abbildung 13:
Brandfluchthaube, mit Bereitschaftstasche
(Quelle: Drägerwerk AG & Co. KGaA, Lübeck)

Sind vom Brandrauch bedrohte Personen gefunden worden, können sie durch Brandfluchthauben geschützt von den Einsatzkräften über zwar verrauchte, aber ansonsten sichere Wege aus dem Gebäude geführt werden. Beim Anlegen der Brandfluchthauben muss besonders auf die betroffenen Personen eingegangen werden. Das Anlegen muss behutsam und mit erklärenden Worten geschehen, damit die betroffenen Personen, denen man ja in einer angespannten Situation eine „unbekannte Haube“ über den Kopf ziehen möchte, nicht weiter verängstigt werden.

7.4 Behältergeräte mit Druckluft (Pressluftatmer)

Behältergeräte mit Druckluft (Kurzbezeichnung Pressluftatmer) sind auf dem Rücken tragbare Atemschutzgeräte, die unabhängig von der Umgebungsluft verwendet werden können. Der Atemschutzgeräteträger kann sich mit einem Pressluftatmer in begrenztem Umfang unabhängig vom Ort und unabhängig von der vorliegenden Umgebungsluft frei bewegen. Seine Bewegungsfreiheit wird beim Tragen des Pressluftatmers grundsätzlich nicht eingeengt. Die Verwendungsdauer des Pressluftatmers wird jedoch aufgrund des begrenzten Atemluftvorrates zeitlich beschränkt.

7.4.1 Funktion der Pressluftatmer

Die von den Atemschutzgeräteträgern benötigte schadstofffreie Atemluft wird verdichtet in Druckluftflaschen mitgeführt und dem Atemschutzgeräteträger über den Atemanschluss (Vollmaske) bedarfsabhängig und mit herabgemindertem Druck zugeführt. Die Einatemluft wird über einen Druckminderer und einen atemgesteuerten Lungenautomaten, der mit der Vollmaske verbunden ist, aus den Druckluftflaschen entnommen.

Pressluftatmer werden in Abhängigkeit von den Druckverhältnissen im Innenraum der Vollmaske in Geräte in Normaldruckausführung und Geräte in Überdruckausführung unterschieden. Ob ein Pressluftatmer mit Normaldruck oder Überdruck betrieben wird, hängt dabei vom Zusammenspiel zwischen der Vollmaske und dem Lungenautomaten ab.

- Bei Pressluftatmern in **Normaldruckausführung** wird beim Einatmen durch den entstehenden Unterdruck in der Vollmaske das Hebelventil im Lungenautomat geöffnet und die erforderliche Einatemluft strömt in die Vollmaske. Beim Ausatmen schließt sich dieses Ventil und die Ausatemluft wird durch den entstehenden Überdruck über das Ausatemventil der Vollmaske ins Freie geführt. Wenn es bei einer nicht einwandfrei dicht anliegenden Vollmaske entlang der Dichtlinie eine Undichtigkeit gibt, kann durch einen nach innen gerichteten Luftstrom schadstoffhaltige Umgebungsluft in die Vollmaske eindringen.
- Bei Pressluftatmern in **Überdruckausführung** wird während des Einatmens durch einen entsprechenden Lungenautomaten fortlaufend ein geringer Überdruck in einer entsprechenden Vollmaske erzeugt. Beim Einatmen wird das Hebelventil im Lungenautomat weiter geöffnet, die erforderliche Einatemluft strömt in die Vollmaske. Beim Ausatmen schließt sich dieses Ventil teilweise und die Ausatemluft wird durch den entstehenden Überdruck über das federbelastete Ausatemventil der Vollmaske ins Freie geführt. Wenn es bei einer nicht einwandfrei dicht anliegenden Vollmaske entlang der Dichtlinie eine Undichtigkeit gibt, wird immer ein nach außen gerichteter Luftstrom entstehen und so das Eindringen schadstoffhaltiger Umgebungsluft in die Vollmaske verhindert.

7.4.2 Bauteile der Pressluftatmer

Die wesentlichen Bauteile eines Pressluftatmers sind die Tragevorrichtung mit der Begurtung, der Druckminderer, die Druckluftflasche(n), der Lungenautomat und der Atemanschluss (Vollmaske).

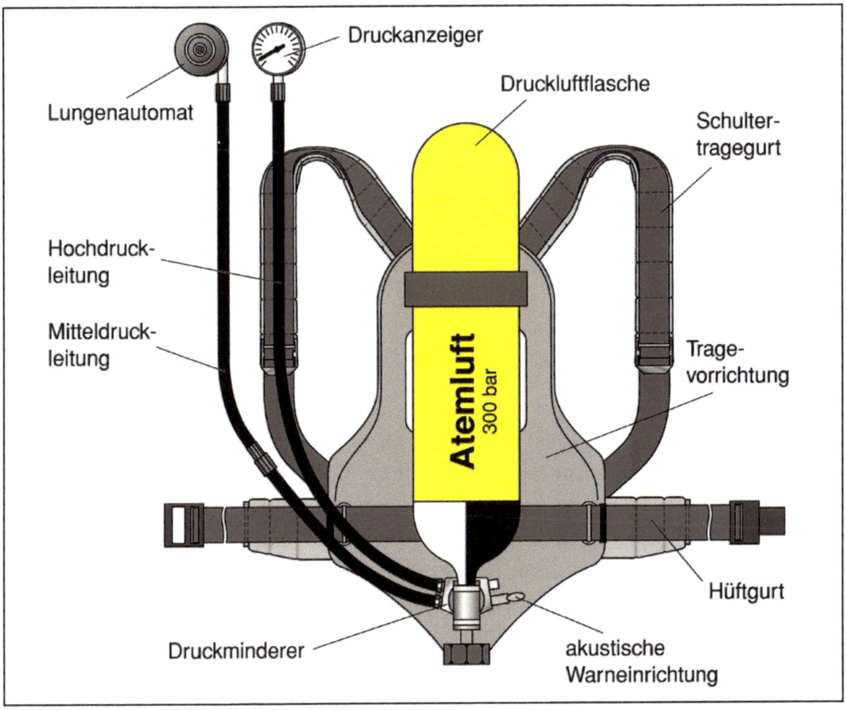

Abbildung 14: Bauteile eines Pressluftatmers (Quelle: MSA Deutschland GmbH, Berlin)

■ Tragevorrichtung

Die Tragevorrichtung besteht aus einer körpergerecht geformten Trageplatte aus Kunststoff. Sie sorgt dafür, dass der Pressluftatmer unter allen Einsatzbedingungen bequem und sicher getragen werden kann. Gleichzeitig schützt sie vor Kälteeinwirkung im Rückenbereich des Atemschutzgeräteträgers.

Im oberen Bereich der Tragevorrichtung befindet sich die Halterung für die Druckluftflasche(n) mit dem dazugehörenden Flaschenspannband. Im unteren Bereich, der gleichzeitig als Stoßschutz ausgebildet ist, ist der Druckminderer gelenkig auf einer Lagerplatte befestigt.

■ Begurtung

Die an der Tragevorrichtung angebrachte Begurtung mit den in der Länge verstellbaren Schultertragegurten und dem Hüftgurt ermöglicht das Tragen des Pressluftatmers auf dem Rücken des Atemschutzgeräteträgers. Zur Verbesserung der Gewichtsverteilung und des Tragekomforts sind die Gurte entsprechend gepolstert und umkleidet. Der durch Ziehen an den Gurtenden einstellbare Hüftgurt ist mit einem Schnellverschluss ausgerüstet, der ein schnelles Anlegen und Ablegen des Pressluftatmers ermöglicht. Üblicherweise befindet sich am linken Schultertragegurt eine Befestigungsmöglichkeit für den Druckanzeiger.

■ Druckminderer

Durch den Druckminderer wird der Druck der angeschlossenen Druckluftflasche(n) von 200 Bar beziehungsweise 300 Bar auf einen gleichbleibenden Mitteldruck von etwa 2 Bar bis 10 Bar verringert. Der Druckminderer enthält das Sicherheitsventil und eine akustische Warneinrichtung, die auch abgesetzt vom Druckminderer befestigt sein kann. Er ist gleichzeitig das Verbindungsbauteil mit dem von Hand anschraubbaren Anschluss an das Flaschenventil der Druckluftflasche(n), den Anschluss für die Mitteldruckleitung des Lungenautomaten und den Anschluss für die Hochdruckleitung des Druckanzeigers.

Der wasserdicht gekapselte und stoßgeschützte Druckanzeiger zeigt nach dem Öffnen der Druckluftflasche(n) durch nachleuchtende Ziffern und Zeiger beziehungsweise durch eine elektronische Anzeige den jeweiligen Druck in der/den Druckluftflasche(n) an und ermöglicht so dem Atemschutzgeräteträger die fortgesetzte Ermittlung und Kontrolle des Behälterdrucks.

Die akustische Warneinrichtung wird automatisch in Betrieb gesetzt, wenn das Flaschenventil einer Druckluftflasche geöffnet wird und spricht zusätzlich ab einem Flaschendruck unter 55 Bar (plus/minus 5 Bar) an. Dabei gibt sie ein andauerndes Pfeifsignal ab und macht so den Atemschutzgeräteträger zusätzlich auf den zu Ende gehenden Atemluftvorrat aufmerksam.

Hinweis: Die akustische Warneinrichtung ist **kein** Rückzugssignal. Für den Rückweg aus der Einsatzstelle müssen die Atemschutzgeräteträger die notwendige Atemluftmenge in Abhängigkeit vom Luftverbrauch für den Hinweg und ihrer Einsatztätigkeit ermitteln.

■ Druckluftflaschen

Der Atemluftvorrat für Atemschutzgeräteträger wird in Druckluftflaschen aus Stahl oder aus Verbundmaterial mitgeführt, die mit schadstofffreier, getrockneter Atemluft gefüllt sind. Druckluftflaschen aus Verbundmaterial (sogenannte Composite-Flaschen) haben als Grundgerüst einen Innenkörper aus Aluminium oder Kunststoff, der die Dichtheit der Flasche gewährleistet und die Aufnahme für das Flaschenventil beinhaltet. Um den Innenkörper werden für die notwendige Druckfestigkeit mehrere Lagen aus Kohlenstofffasern gewickelt. Als zusätzlicher Schutz vor Abrieb und Schäden besteht die äußerste Schicht aus einem Glasfasergewebe.

Druckluftflaschen aus Verbundmaterial sind leichter als Stahlflaschen vergleichbarer Größe. Das Volumen der Druckluftflaschen beträgt je nach Werkstoff und nach Ausführung des Pressluftatmers 4 Liter, 6 Liter oder 6,8 Liter, der Nenn-Fülldruck 200 Bar oder 300 Bar.

Druckluftflaschen für Atemluft werden durch einen Gefahrzettel im Bereich der Flaschenschulter und durch die Farbgebung gekennzeichnet. Der Gefahrgutaufkleber enthält Angaben zum Inhalt der Flaschen und zu Risiken und Gefahren. Der Flaschenmantel der Druckluftflaschen muss mit der Kennfarbe gelb und der Aufschrift „Atemluft“ und die Flaschenschulter mit einer weiß/schwarzen Farbkodierung gekennzeichnet sein.

Die jeweils verfügbare Atemluftmenge der Druckluftflaschen errechnet sich vereinfacht nach der Formel **„Fülldruck × Flaschenvolumen"**. Bei Fülldrücken über 200 Bar muss jedoch aufgrund besonderer physikalischer Gegebenheiten beim Verdichten von Luft die Berechnung mit einem bestimmten Korrekturfaktor nach unten berichtigt werden.

Tabelle 8: Verfügbare Atemluftmenge

Ausführung des Pressluftatmers			Atemluftmenge
Druckluftflaschen	**Volumen**	**Nenn-Fülldruck**	
2 Stück	je 4,0 Liter	200 Bar	etwa 1.600 Liter
1 Stück	je 6,0 Liter	300 Bar	etwa 1.620 Liter
1 Stück	je 6,8 Liter	300 Bar	etwa 1.850 Liter
2 Stück	je 6,8 Liter	300 Bar	etwa 3.700 Liter

Hinweis: Als geeignete Atemluft beinhalten Druckluftflaschen für Pressluftatmer verdichtete und getrocknete Luft, die keine unerwünschten festen, flüssigen oder gasförmigen Bestandteile enthalten darf.

■ Lungenautomaten

Durch einen am Anschlussstück der Vollmaske anzubringenden Lungenautomaten (atemgesteuerte Dosiereinrichtung) wird dem Atemschutzgeräteträger die jeweils benötigte Menge der Einatemluft bedarfsgerecht im Rhythmus seiner Einatmung automatisch zugeführt. Ein Lungenautomat besteht aus einem mit einer Schutzkappe ummantelten Gehäuse aus schlagfestem Kunststoff, einer Membran, einem Hebelventil und einer Mitteldruckleitung. Der Anschluss der Mitteldruckleitung am Lungenautomat ist drehbar gelagert, um im Einsatz die Kopfbewegungen des Atemschutzgeräteträgers zu ermöglichen. Die Verbindung der Mitteldruckleitung des Lungenautomaten mit der Mitteldruckleitung des Druckminderers erfolgt über eine Schnellverschluss-Sicherheitskupplung.

Abbildung 15: Beispiele für Lungenautomaten (in Normaldruckausführung) (Quelle: links – MSA Deutschland GmbH, Berlin / rechts – Drägerwerk AG & Co. KGaA, Lübeck)

Im Gehäuse eines **Lungenautomaten in Normaldruckausführung** sind eine Membran und ein Kipphebelventil untergebracht. Die Membran teilt das Innere dieses Lungenautomaten luftdicht in eine Kammer, die mit der Umgebungsluft und eine Kammer, die mit der Vollmaske in Verbindung steht. Beim Einatmen entsteht im Anschlussstück ein Unterdruck und die Membran wölbt sich durch den Druck der Umgebungsluft in Richtung des Hebelventils. Der Hebel wird nach innen gedrückt. Dadurch wird der Ventilteller vom Ventilsitz abgehoben und die Öffnung freigegeben – die anstehende Atemluft strömt in den Lungenautomaten und von dort in die Vollmaske. Es strömt solange Atemluft über die Mitteldruckleitung nach, bis der Druck auf beiden Seiten der Membran wieder ausgeglichen ist und das Hebelventil wieder schließt. Durch Drücken des Entlüftungsknopfes auf der Außenseite des Lungenautomaten kann das Hebelventil auch mechanisch vom Ventilsitz abgehoben werden.

Bei einem **Lungenautomaten in Überdruckausführung** wirkt neben dem Druck der Umgebungsluft zusätzlich eine Federkraft auf die Membran. Diese Federkraft ist so groß, dass die Membran erst bei einem leichten Überdruck in der Vollmaske in die „Nullstellung“ zurückgeht und das Hebelventil wieder schließt.

Durch den leichten Überdruck in der Vollmaske wird verhindert, dass bei einer möglichen Undichtigkeit schadstoffhaltige Umgebungsluft in die Vollmaske gelangen kann. Bei Undichtigkeiten strömt ein Teil der Atemluft jedoch unkontrolliert ab. Dies führt zu einem etwas höheren Atemluftverbrauch. Zum Anlegen und Ablegen des Lungenautomaten muss die „Überdruckfunktion“ ausgeschaltet werden; dabei wird das Hebelventil arretiert. Beim ersten Einatmen des Atemschutzgeräteträgers – das meist etwas kräftiger erfolgen muss – löst sich diese Arretierung selbstständig, die „Überdruckfunktion“ wird dadurch eingeschaltet.

Damit es beim **Anschluss der Lungenautomaten** an die Vollmasken nicht zu Verwechslungen kommt, sind die Lungenautomaten (und die dazugehörenden Vollmasken) mit unterschiedlichen Anschlusssystemen ausgestattet. Der Anschluss der Lungenautomaten erfolgt bei Vollmasken in Normaldruckausführung über ein Rundgewinde, bei Vollmasken in Überdruckausführung über ein metrisches Gewinde M 45 × 3 oder einen Einheits-Steckanschluss. Äußerlich unterscheiden sich die Lungenautomaten in Überdruckausführung zudem durch eine rote Farbkennzeichnung.

Abbildung 16: Anschlusssysteme von Lungenautomaten
(Quelle: MSA Deutschland GmbH, Berlin)

7.4.3 Einsatzmöglichkeiten und -grenzen der Pressluftatmer

Pressluftatmer ermöglichen den Einsatz der Atemschutzgeräteträger unabhängig von einer schadstoffbelasteten oder sauerstoffarmen Umgebungsluft und weitgehend unabhängig von einem bestimmten Ort. Da bei den Einsätzen der Feuerwehr oftmals nicht bekannt ist, ob, in welcher Menge und in welcher Art Atemgifte vorhanden sind und wie hoch der augenblickliche Sauerstoffanteil in der Umgebungsluft ist, werden im Zweifelsfall immer Pressluftatmer eingesetzt. Dies gilt insbesondere bei Bränden in Gebäuden oder bei Gefahrguteinsätzen. Aber auch bei Einsätzen im Freien, zum Beispiel bei Bränden von Kraftfahrzeugen oder bei sonstiger starker Rauchentwicklung, sollten möglichst immer Pressluftatmer verwendet werden.

Abbildung 17: Brennender Sattelauflieger auf der Autobahn (Quelle: Sebastian Stenzel, Nachrichtenportal Wiesbaden112.de)

Die Einsatzmöglichkeiten der Pressluftatmer werden durch die Belastung der Atemschutzgeräteträger aufgrund der Masse des Pressluftatmers (einsatzbereit maximal 18 Kilogramm) und der zusätzlichen Ausrüstung, der eingeschränkten Sicht- und Bewegungsfreiheit des Atemschutzgeräteträgers und der verfügbaren Atemluftmenge begrenzt. Die mögliche Einsatzdauer ergibt sich somit aus der Art und dem Umfang der Einsatztätigkeiten und der damit verbundenen Belastung des Atemschutzgeräteträgers, der Anzahl, der Größe und dem Fülldruck der Druckluftflaschen.

Mit einem Pressluftatmer mit einer Druckluftflasche (Volumen 6,0 Liter, Nenn-Fülldruck 300 Bar, Atemluftvorrat etwa 1.620 Liter) ist bei einem Luftverbrauch des Atemschutzgeräteträgers von etwa 35 Liter bis 50 Liter pro Minute (mittlere bis schwere Arbeit) eine Einsatzdauer von etwa 30 Minuten bis 45 Minuten möglich. In dieser Zeit müssen die Atemschutzgeräteträger die eigentliche Schadenstelle erreichen, ihre Einsatztätigkeiten durchführen und den Gefahrenbereich sicher wieder verlassen. Aus diesem Grund ist sowohl eine möglichst genaue Planung des Einsatzes als auch eine fortlaufende Überwachung des Atemluftvorrates erforderlich.

Für den sicheren Einsatz der Pressluftatmer ist weiterhin ein einwandfreier Dichtsitz der Vollmaske notwendig. Undichtigkeiten können durch unsachgemäßes Anlegen der Vollmaske und in besonderen Einsatzsituationen auch durch mechanische Einwirkungen auf die Vollmaske oder den Feuerwehrhelm entstehen.

7.5 Schlauchgeräte

Schlauchgeräte sind Atemschutzgeräte (Isoliergeräte), die einen Atemschutzgeräteträger über einen etwa 10 Meter bis 20 Meter langen Zuführungsschlauch mit geeigneter Atemluft aus einem Bereich außerhalb der schadstoffhaltigen Umgebungsluft versorgen können. Sie bestehen aus einem Atemanschluss, einem Atemschlauch mit Verbindungsstück und einem Anschluss für den Zuführungsschlauch. Die benötigte Atemluft wird entweder über den Atemschlauch und den Zuführungsschlauch vom Atemschutzgeräteträger selbst angesaugt, durch ein Handgebläse oder Motorgebläse mit leichtem Druck zugeführt oder aus stationären Druckluftnetzen (über einen Lungenautomaten am Atemanschluss) entnommen.

Hinweis: Schlauchgeräte werden insbesondere bei Arbeiten in Schächten, Tanks, Silos oder ähnlichen Bereichen eingesetzt. Sie sind für die üblichen Einsätze der Feuerwehr nicht geeignet.

7.6 Regenerationsgeräte

Regenerationsgeräte sind Atemschutzgeräte (Isoliergeräte), die unabhängig von der Umgebungsluft wirken. Die Versorgung des Atemschutzgeräteträgers mit Atemluft erfolgt aus dem Gerät heraus. Die Ausatemluft des Atemschutzgeräteträgers wird dabei nicht in die Umgebungsluft abgegeben, sondern über einen Atemschlauch dem Regenerationsgerät wieder zugeführt und dort regeneriert („aufgefrischt"). Innerhalb des Gerätes wird das in der Ausatemluft enthaltene Kohlenstoffdioxid in einer Regenerationspatrone chemisch gebunden und der beim Atmen verbrauchte Sauerstoff durch im Gerät mitgeführten Sauerstoff ergänzt. Die so aufbereitete Atemluft wird dem Atemschutzgeräteträger über einen weiteren Atemschlauch wieder als Einatemluft zugeführt. Die mögliche Einsatzdauer der Regenerationsgeräte liegt mit bis zu vier Stunden erheblich über der von Pressluftatmern.

Regenerationsgeräte belasten den Atemschutzgeräteträger jedoch durch ihr Gewicht, durch den Atemwiderstand und das besondere Atemklima, das heißt, durch die Erwärmung und Feuchtigkeit der Einatemluft aufgrund der chemischen Reaktionen bei der Aufbereitung.

Abbildung 18: Einsatz von Regenerationsgeräten im Rahmen einer Einsatzübung in einem Tunnel (Quelle: Thomas Drasel, Nachrichtenportal Wiesbaden112.de)

Regenerationsgeräte werden deshalb nur in besonderen Einsatzsituationen, zum Beispiel in baulichen Anlagen mit langen Anmarschwegen, an ausgedehnten Einsatzstellen, in Eisenbahn- oder Straßentunneln oder sonstigen unterirdischen Verkehrsanlagen verwendet.

Hinweis: Bedingt durch die besondere Gerätetechnik und die hohen Belastungen für den Träger müssen Atemschutzgeräteträger für den Einsatz mit Regenerationsgeräten zusätzlich ausgebildet sein.

7.7 Selbstkontrolle und Testfragen

(Lösungen siehe Seite 127)

1. Wie werden Atemschutzgeräte entsprechend ihrer grundlegenden Funktion und ihrer jeweiligen Schutzwirkung eingeteilt?

a) In Filtergeräte.
b) In Schutzgeräte.
c) In Fluchtgeräte.
d) In Isoliergeräte.

2. Welche Wirkungsweisen können Atemschutzgeräte haben?

a) Sie befreien die eingeatmete Umgebungsluft von Schadstoffen.
b) Sie wandeln Atemgifte in unbedenkliche Stoffe um.
c) Sie führen dem Atemschutzgeräteträger geeignete Atemluft aus Druckluftflaschen zu.
d) Sie schützen Atemgifte vor der unkontrollierten Ausbreitung.

3. Welche Atemanschlüsse werden von den Feuerwehren grundsätzlich verwendet?

a) Halbmasken
b) Vollmasken
c) Mundstückgarnituren
d) Masken-Helm-Kombinationen

4. Welche Aussagen über Filtergeräte sind richtig?

a) Filtergeräte bestehen aus einem Atemanschluss und einem eingeschraubten Filter.
b) Filtergeräte sind von der Umgebungsluft unabhängig.
c) Filtergeräte entfernen in bestimmtem Umfang Schadstoffe aus der eingeatmeten Umgebungsluft.
d) Filter sind unbegrenzt einsetzbar.

5. Welche Filterart wird bei Feuerwehreinsätzen üblicherweise verwendet?

a) Partikelfilter
b) Gasfilter
c) Kombinationsfilter
d) Mehrbereichsfilter

6. Welche Aussagen über Pressluftatmer sind richtig?

a) Pressluftatmer sind von der Umgebungsluft unabhängig.
b) Pressluftatmer werden in Normaldruck- und Überdruckausführung unterschieden.
c) Pressluftatmer führen dem Atemschutzgeräteträger regenerierten Sauerstoff aus Druckbehältern zu.
d) Pressluftatmer führen dem Atemschutzgeräteträger geeignete Atemluft aus Druckluftflaschen zu.

7. Welche Atemluftmenge steht einem Atemschutzgeräteträger bei der Verwendung eines Pressluftatmers mit einer Druckluftflasche (Volumen 6 Liter, Nennfülldruck 300 Bar) zur Verfügung?

a) Etwa 1.600 Liter.
b) Etwa 1.620 Liter.
c) Etwa 1.750 Liter.
d) Etwa 1.800 Liter.

8. Wovon ist die mögliche Einsatzdauer der Pressluftatmer abhängig?

a) Von der Anzahl und Größe der Druckluftflaschen.
b) Vom Fülldruck der Druckluftflaschen.
c) Von der Höhe des Einsatzortes.
d) Von der körperlichen Belastung des Atemschutzgeräteträgers.

8 Handhabung der Atemschutzgeräte

Die fachlich richtige Handhabung der Atemschutzgeräte ist für die Sicherheit der Atemschutzgeräteträger und die wirksame Einsatzdurchführung von besonderer Bedeutung. Deshalb ist die Handhabung regelmäßig und gewissenhaft zu üben, damit die notwendigen Handgriffe auch unter besonderen Einsatzbedingungen nicht nur selbstständig und richtig, sondern darüber hinaus auch zügig und genau ausgeführt werden können. Die gerätespezifischen Gebrauchsanleitungen der Hersteller sind bei der Handhabung der Atemschutzgeräte zu beachten.

8.1 An- und Ablegen einer Vollmaske

Für die Verwendung eines Filtergerätes beziehungsweise eines Pressluftatmers müssen die Atemschutzgeräteträger als Atemanschluss eine Vollmaske anlegen. Dabei ist eine Maskendichtprobe durchzuführen, um den richtigen Sitz und die Dichtigkeit der Vollmaske zu kontrollieren.

■ Anlegen einer Vollmaske

Beim Anlegen einer Vollmaske ist folgender Ablauf zu beachten:

- Vollmaske mit dem Trageband umhängen.
- Sichtkontrolle der Vollmaske durchführen.
- Kopfbänderung vollständig weit stellen.
- Kopfbänderung mit beiden Händen von oben greifen, auseinanderhalten und Vollmaske vor das Gesicht bringen, Kinn in die Kinntasche legen.
- Kopfbänderung über den Kopf nach hinten streifen.
- Dichtrahmen zurecht schieben und an das Gesicht drücken, auf richtigen Sitz der Innenmaske achten.
- Nacken- und Schläfenbänder und dann Stirnband gleichmäßig anziehen.
- Sitz der Vollmaske kontrollieren.

Abbildung 19: Kopfbänderung über den Kopf streifen

Abbildung 20: Kopfbänderung festziehen

Abbildung 21: Maskendichtprobe durchführen

Abbildung 22: Maske über den Kopf nach hinten abziehen

(Quelle der Abbildungen 19 bis 22: Marc Köppelmann, Paderborn)

Die Vollmaske sitzt richtig, wenn der Dichtrahmen an Stirn, Schläfen, Wangen und Kinn dicht anliegt und die Kopfbänderung straff den Kopf umspannt, wobei die Bänderung so einzustellen ist, dass sie unter dem Feuerwehrhelm auch bei längerem Gebrauch keinen lästigen Druck ausübt. Anschließend wird der Feuerwehrhelm wieder aufgesetzt und befestigt sowie eine Maskendichtprobe der Vollmaske durchgeführt.

■ Maskendichtprobe

Für eine Maskendichtprobe der Vollmaske wird das Anschlussstück der Vollmaske mit dem Handballen abgedichtet und eingeatmet. Dabei ist darauf zu achten, dass der Handballen nur das Anschlussstück abdichtet und nicht die Vollmaske an das Gesicht drückt. Wird der Maskenkörper beim Einatmen an das Gesicht des Atemschutzgeräteträgers angesaugt, ist die Dichtigkeit der Vollmaske gegeben. Die Kontrolle der Ausatemventilfunktion erfolgt mit abgedichtetem Anschlussstück beim Ausatmen. Die Ausatemluft muss dabei ungehindert aus der Vollmaske entweichen können.

■ Ablegen einer Vollmaske

Zum Ablegen einer Vollmaske werden die Schnallen der Nacken- und Schläfenbänder nach vorn gedrückt und gelöst, die Kopfbänderung ganz geöffnet und dann die Vollmaske am Anschlussstück gefasst, über den Kopf nach hinten abgezogen und an einer geeigneten Stelle abgelegt.

■ Feuerschutzhaube

Eine Feuerschutzhaube (auch als Flammschutzhaube bezeichnet) schützt alle offenen Hautstellen im Kopf- und Halsbereich des Atemschutzgeräteträgers, die von der Vollmaske und dem Feuerwehrhelm nicht abgedeckt werden, vor Verbrennungen durch Wärmestrahlung, Stichflammen und Durchzündungen. Sie wird aus einem schwer entflammbaren, textilen Gewebe gefertigt. Die Feuerschutzhaube wird von vorne über den Kopf gezogen, um ein Lösen der Schnallen der Kopfbänderung der Vollmaske zu verhindern.

Abbildung 23:
Anlegen der Feuerschutzhaube
(Quelle: Marc Köppelmann, Paderborn)

Hinweis: Die Feuerschutzhaube muss immer **über** der Kopfbänderung der Vollmaske getragen werden. Beim Anlegen ist darauf zu achten, dass sie auf dem Maskenkörper abschließt und dass keine Hautstellen im Kopf- und Halsbereich des Atemschutzgeräteträgers unbedeckt bleiben.

8.2 An- und Ablegen einer Masken-Helm-Kombination

Wird als Atemanschluss eine Masken-Helm-Kombination benutzt, muss der Atemschutzgeräteträger einen geeigneten Feuerwehrhelm in einer für ihn passenden Größe verwenden. Eine genaue und nicht zu lockere Einstellung des Feuerwehrhelmes ist hierbei von besonderer Bedeutung. Beim Anlegen einer Masken-Helm-Kombination ist folgender Ablauf zu beachten:

- Vollmaske mit dem Trageband umhängen.
- Sichtkontrolle der Vollmaske durchführen.
- Feuerwehrhelm aufsetzen, Kinnriemen noch nicht schließen.

- Stirnbereich der Vollmaske unter den Helm führen und Kinn in die Kinntasche der Vollmaske legen.
- beide Verbindungselemente durch gleichzeitiges Ziehen spannen und in die entsprechenden Aufnahmen des Feuerwehrhelmes einführen.
- Kinnriemen des Feuerwehrhelmes schließen.
- Nacken- und Halsschutz des Feuerwehrhelms schließen.
- Maskendichtprobe durchführen.

Zum Ablegen einer Masken-Helm-Kombination wird der Nacken- und Halsschutz des Feuerwehrhelmes geöffnet, die beiden Verbindungselemente aus den Aufnahmen des Feuerwehrhelmes gelöst, der Kinnriemen des Feuerwehrhelmes geöffnet und die Vollmaske und der Feuerwehrhelm an einer geeigneten Stelle abgelegt.

8.3 An- und Ablegen eines Filtergerätes

Der Atemschutzgeräteträger legt eine Vollmaske wie vorgesehen an, setzt den Feuerwehrhelm auf und führt eine Maskendichtprobe der Vollmaske durch. Danach werden die Schutzkappen von der Lufteintrittsöffnung und der Luftaustrittsöffnung des Filters entfernt und der Filter in das Gewinde des Anschlussstückes der Vollmaske eingeschraubt. Das Ablegen der Vollmaske erfolgt wie zuvor beschrieben.

Hinweis: Aufgrund des eingeschränkten Blickfeldes des Atemschutzgeräteträgers wird der Filter durch eine andere Einsatzkraft eingeschraubt und dann durch den Atemschutzgeräteträger festgeschraubt.

8.4 An- und Ablegen eines Pressluftatmers

Pressluftatmer werden am Feuerwehrfahrzeug oder bei Fahrzeugen mit Halterungen für Atemschutzgeräte im Mannschaftsraum während der Fahrt im Fahrzeug angelegt. Die Einsatzkräfte eines Atemschutztrupps unterstützen sich beim Anlegen der Pressluftatmer und überprüfen gegenseitig den sicheren Sitz und die richtige Lage der Anschlussleitungen und der Begurtung.

8.4.1 Einsatzkurzprüfung

Vor einem Einsatz oder einer Übung muss zunächst eine Einsatzkurzprüfung des Pressluftatmers durch den Atemschutzgeräteträger durchgeführt werden. Dabei wird die Vollständigkeit und der äußere Zustand des Pressluftatmers kontrolliert sowie der Fülldruck der Druckluftflasche(n), die Dichtigkeit des Pressluftatmers und das Ansprechen der akustischen Warneinrichtung überprüft. Dabei sind die Gebrauchsanleitungen der Hersteller zu beachten. Bei der Einsatzkurzprüfung eines Pressluftatmers in Normaldruckausführung mit einer Druckluftflasche ist folgender Ablauf zu beachten:

■ Vollständigkeit und Zustand

- Ist der Pressluftatmer vollständig?
- Ist der Pressluftatmer ohne äußerlich sichtbare Beschädigungen?
- Ist die Begurtung vollständig geöffnet und nicht verdreht?

■ Fülldruck und Dichtigkeit

- Flaschenventil der Druckluftflasche mit mindestens zwei Umdrehungen des Handrades öffnen, Zeiger des Druckanzeigers muss zügig ansteigen.
- Fülldruck am Druckanzeiger ablesen, mindestens 90 Prozent des Nenn-Fülldruckes müssen vorhanden sein, das heißt, mindestens 270 Bar bei einem Gerät mit einem Nenn-Fülldruck von 300 Bar.
- Flaschenventil wieder schließen und eine Minute lang einen möglichen Druckabfall am Druckanzeiger kontrollieren, Druck darf nicht sichtbar abfallen, das heißt, nicht mehr als 10 Bar.

■ Akustische Warneinrichtung

- Entlüftungsknopf des Lungenautomaten betätigen und den Druck langsam und gleichmäßig ablassen, dabei den Druckanzeiger beobachten.
- Ansprechen der akustischen Warneinrichtung überprüfen; das Warnsignal muss bei einem Druck zwischen 60 und 50 Bar ertönen.

Abbildung 24: Einsatzkurzprüfung durchführen

Abbildung 25: Schultergurte spannen

Abbildung 26: Hüftgurt schließen und festziehen

Abbildung 27: Lungenautomat anschließen

(Quelle der Abbildungen 24 bis 27: Marc Köppelmann, Paderborn)

Anmerkung: Bei einem Pressluftatmer in Überdruckausführung ist der Lungenautomat zunächst in Bereitschaftsstellung. Zum Überprüfen der akustischen Warneinrichtung ist der Umschalter im Lungenautomat langsam zu betätigen.

- Flaschenventil wieder vollständig bis zur Endstellung öffnen.

8.4.2 Anlegen eines Pressluftatmers

Beim Anlegen eines Pressluftatmers ist folgender Ablauf zu beachten:

- Einsatzkurzprüfung des Pressluftatmers durchführen.
- Pressluftatmer mit vollständig geöffneter Begurtung schultern.
- Schultergurte spannen, Hüftgurt schließen und festziehen.
- Schultergurte so einstellen, dass eine geeignete Gewichtsverteilung zwischen Schultergurten und Hüftgurt erreicht wird.
- Die freien Enden der Schultergurte in den Hüftgurt stecken.

Der Pressluftatmer sitzt richtig, wenn das Gerät auch bei schnellen Bewegungen oder beim Vorbeugen nicht verrutscht und die Bewegungsfreiheit des Kopfes nicht wesentlich eingeschränkt ist. Danach wird die Vollmaske wie vorgesehen angelegt, die Feuerschutzhaube übergezogen, der Feuerwehrhelm aufgesetzt und eine Maskenprüfung der Vollmaske durchgeführt. Die Einsatzkräfte des Atemschutztrupps überprüfen gegenseitig den sicheren Sitz der Schutzkleidung und des Pressluftatmers und unterstützen sich beim Anschließen der Lungenautomaten.

8.4.3 Ablegen eines Pressluftatmers

Zum Ablegen eines Pressluftatmers wird der Lungenautomat abgenommen, das Flaschenventil der Druckluftflasche geschlossen, die restliche Atemluft aus dem Lungenautomaten abgelassen, der Feuerwehrhelm, die Feuerschutzhaube und die Vollmaske abgenommen, der Hüftgurt geöffnet, die Schultergurte gelöst und der Pressluftatmer an einer geeigneten Stelle abgelegt.

8.5 Selbstkontrolle und Testfragen

(Lösungen siehe Seite 127)

1. Wie wird eine Maskendichtprobe der Vollmaske durchgeführt?

a) Feuerwehrhelm aufsetzen – Anschlussstück mit Handballen abdichten – Luft anhalten.
b) Feuerwehrhelm aufsetzen – Anschlussstück mit Handballen abdichten – einatmen.
c) Feuerwehrhelm absetzen – Anschlussstück mit Handballen abdichten – einatmen.
d) Feuerwehrhelm aufsetzen – Ausatemventil im Anschlussstück mit Handballen verschließen – ausatmen.

2. Welche Bedingungen müssen bei der Einsatzkurzprüfung eines Pressluftatmers eingehalten werden?

a) Der Zeiger des Druckanzeigers muss zügig ansteigen.
b) Der Zeiger des Druckanzeigers muss zügig abfallen.
c) Es müssen mindestens 90 Prozent des Nenn-Fülldruckes vorhanden sein.
d) Es müssen mindestens 4/5 des Nenn-Fülldruckes vorhanden sein.
e) Das Warnsignal muss bei einem Druck zwischen 60 und 50 Bar ertönen.
f) Das Warnsignal muss bei einem Druck zwischen 50 und 1 Bar ertönen.

3. Welcher Ablauf ist beim Anlegen eines Pressluftatmers zu beachten?

a) Einsatzkurzprüfung des Pressluftatmers durchführen.
b) Einsatzkurzprüfung des Atemanschlusses durchführen.
c) Pressluftatmer mit vollständig geöffneter Begurtung schultern.
d) Schultergurte spannen sowie Hüftgurt schließen und festziehen.
e) Hüftgurt spannen sowie Schultergurte schließen und festziehen.
f) Schultergurte für eine geeignete Gewichtsverteilung einstellen.

9 Einsatzgrundsätze

Der Atemschutz der Feuerwehr bedarf besonderer Aufmerksamkeit, da jeder Fehler bei der Verwendung von Atemschutzgeräten und beim Vorgehen der Atemschutzgeräteträger zu erheblichen Gesundheitsschäden, bis hin zum Tod, führen kann. Damit bei der Verwendung von Atemschutzgeräten keine Gefährdungen für Atemschutzgeräteträger entstehen und Unfälle verhindert beziehungsweise vermieden werden, müssen bestimmte Einsatzgrundsätze beachtet werden, die in der DGUV Vorschrift 49 „Unfallverhütungsvorschrift Feuerwehren", der Feuerwehr-Dienstvorschrift 7 (FwDV 7) „Atemschutz" und zum Teil in der Feuerwehr-Dienstvorschrift 500 (FwDV 500) „Einheiten im ABC-Einsatz" verbindlich festgelegt sind.

9.1 Allgemeine Einsatzgrundsätze

In der DGUV Vorschrift 49 ist festgelegt, dass Feuerwehrangehörige in Abhängigkeit von einer möglichen Gefährdung durch Sauerstoffmangel oder durch Einatmen gesundheitsschädigender Stoffe geeignete Atemschutzgeräte verwenden müssen.

In der Feuerwehr-Dienstvorschrift 7 (FwDV 7) ist ausdrücklich festgelegt, dass jeder Atemschutzgeräteträger für seine Sicherheit eigenverantwortlich ist. Weiterhin ist festgelegt, dass Atemschutzgeräte außerhalb des Gefahrenbereiches an- und abgelegt werden müssen, vor einem Einsatz mit Pressluftatmern eine Einsatzkurzprüfung durchgeführt werden muss, dass zwischen zwei Einsätzen eine Ruhepause einzulegen und der Flüssigkeitsverlust der Atemschutzgeräteträger durch geeignete Getränke auszugleichen ist.

In der Feuerwehr-Dienstvorschrift 500 (FwDV 500) ist festgelegt, dass bei Einsätzen im Zusammenhang mit radioaktiven, biologischen oder chemischen Stoffen in Abhängigkeit von der jeweiligen Lage die Verwendung von Filtergeräten oder von Pressluftatmern erforderlich sein kann.

■ Geeignete Atemschutzgeräte verwenden

Die entsprechend den vorliegenden Einsatzbedingungen und den vorgesehenen Einsatzmaßnahmen zu verwendenden Atemschutzgeräte werden unter ausdrücklicher Benennung der Geräteart, zum Beispiel: „... *unter PA vor!*“, vom zuständigen Einheitsführer (Gruppenführer, Staffelführer) befohlen. Von den Feuerwehren werden üblicherweise Pressluftatmer verwendet. Die Verwendung von Filtergeräten ist nur dann zulässig, wenn die Zusammensetzung der Umgebungsluft bestimmten Voraussetzungen entspricht.

■ Eigenverantwortung übernehmen

Atemschutzgeräteträger sind grundsätzlich für ihre Sicherheit eigenverantwortlich. Sie werden bei ihrem Vorgehen unter Atemschutz zwar durch den zuständigen Einheitsführer kontrolliert und unterstützt und durch bereitstehende Sicherheitstrupps geschützt, müssen aber selbst und eigenverantwortlich dazu beitragen, dass ihre Sicherheit im Verlauf eines Einsatzes oder einer Übung gewährleistet bleibt.

■ Atemschutzgeräte an- und ablegen

Atemschutzgeräte sind grundsätzlich außerhalb eines Gefahrenbereiches (Trümmerschatten, Brandrauch, Motorabgase, ...) anzulegen und auch wieder abzulegen. Bei der Verwendung von Pressluftatmern werden die Lungenautomaten dann kurz vor der Grenze des Gefahrenbereichs an die angelegten Atemanschlüsse (Vollmasken) angeschlossen, sofern der Gefahrenbereich eindeutig abzugrenzen ist. Befindet sich das Einsatzziel in einem größeren Gebäude oder in einer ausgedehnten baulichen Anlage, werden die Lungenautomaten (zur Einsparung von mitgeführter Atemluft) nicht beim Betreten des Gebäudes oder der Anlage angeschlossen, sondern erst beim Erreichen der Rauchgrenze. Wird jedoch schon vor der erkennbaren Rauchgrenze von den Atemschutzgeräteträgern ein Brandgeruch wahrgenommen, müssen die Lungenautomaten unverzüglich angeschlossen werden.

■ Einsatzkurzprüfung durchführen

Unmittelbar vor einem Einsatz oder einer Übung muss jeder Atemschutzgeräteträger eine Einsatzkurzprüfung an seinem Pressluftatmer sowie eine Maskendichtprobe seiner Vollmaske durchführen *(siehe hierzu Kapitel 8.1 und 8.4.1)*. Danach können sich die Atemschutzgeräteträger des Atemschutztrupps entsprechend ihrem Einsatzauftrag vollständig ausrüsten und beim zuständigen Einheitsführer einsatzbereit melden.

■ Ruhepausen einlegen

Wenn in besonderen Einsatzfällen Atemschutzgeräteträger erneut eingesetzt werden müssen, ist für sie eine angemessene Ruhepause zwischen den beiden Einsätzen einzulegen. Die notwendige Dauer der Ruhepause ist vor allem von den körperlichen Belastungen des vorhergehenden Atemschutzeinsatzes abhängig. Sie sollte größer als die vorhergehende Einsatzdauer sein, aber mindestens etwa 60 Minuten betragen.

■ Flüssigkeitsverlust ausgleichen

Der bei Atemschutzeinsätzen aufgrund der körperlichen Belastungen durch Schwitzen auftretende Flüssigkeitsverlust der Atemschutzgeräteträger ist nach dem Beenden ihres Atemschutzeinsatzes durch eine ausreichende Menge geeigneter Getränke (Mineralwasser, Fruchtsaftschorlen, ...) auszugleichen, auch dann, wenn bei ihnen kein Durstgefühl vorhanden ist. Das persönliche Durstgefühl der einzelnen Atemschutzgeräteträger kann sehr unterschiedlich sein. Deshalb sollten nicht nur geeignete Getränke bereitgestellt, sondern alle Atemschutzgeräteträger auch nachdrücklich zur Zufuhr einer reichlichen Menge an Flüssigkeit (etwa 1,5 Liter pro Atemschutzgeräteträger) angehalten werden.

Hinweis: Vor und während der Einnahme von Getränken müssen die Atemschutzgeräteträger zwingend die Maßnahmen der Einsatzhygiene (Hände und Gesicht waschen, ...) beachten.

9.2 Einsatzgrundsätze beim Tragen von Filtergeräten

Die Verwendung von Filtergeräten ist von der Zusammensetzung der Umgebungsluft abhängig. Zusätzlich zu den allgemeinen Einsatzgrundsätzen muss beim Tragen von Filtergeräten beachtet werden, dass

- in der Umgebungsluft ausreichend Sauerstoff vorhanden ist,
- die Art und die Eigenschaften der vorhandenen Atemgifte bekannt sind,
- nur Atemgifte vorhanden sind, gegen deren Art, Zusammensetzung oder Eigenschaften der verwendete Filter schützt,
- keine starken Flocken-, Staub- oder Rußbelastungen vorliegen und
- kein Funkenflug oder offenes Feuer unmittelbar auf den Filter einwirkt und es so zum Entzünden der aktivkohlehaltigen Filterschicht kommt.

Die Einsatzgrenzen und die Herstellerangaben der jeweils verwendeten Filter (üblicherweise Kombinationsfilter ABEK2-P3) sind zu beachten.

Hinweis: In der Feuerwehr-Dienstvorschrift 7 (FwDV 7) wird ausdrücklich darauf hingewiesen, dass in Zweifelsfällen statt der Filtergeräte immer Isoliergeräte (Pressluftatmer, ...) zu verwenden sind.

9.3 Einsatzgrundsätze beim Tragen von Isoliergeräten

Gemäß der Feuerwehr-Dienstvorschrift 7 (FwDV 7) „Atemschutz“ müssen beim Tragen von Isoliergeräten (Pressluftatmer oder Regenerationsgeräte) zusätzlich zu den vorgenannten allgemeinen Einsatzgrundsätzen die folgenden Einsatzgrundsätze beachtet werden:

■ Pressluftatmer auf der Anfahrt anlegen

Werden Pressluftatmer bereits auf der Anfahrt zur Einsatzstelle im Mannschaftsraum eines Löschfahrzeuges angelegt, dürfen die Feststellvorrichtungen der Gerätehalterungen (Gerätearretierungen) erst nach dem Stillstand des Fahrzeuges an der Einsatzstelle gelöst werden.

Wenn die Feststellvorrichtungen der Gerätehalterungen bereits während der Fahrt gelöst werden, besteht die Gefahr, dass die Atemschutzgeräteträger bei Kurvenfahrten, beim Bremsen oder bei sonstigen Fahrmanövern keinen festen Halt im Mannschaftsraum haben, von ihren Sitzplätzen rutschen und dabei sich und die anderen Mitfahrer verletzen können.

■ Fülldruck beachten

Ein Pressluftatmer muss zum Beginn des Atemschutzeinsatzes einen Fülldruck von mindestens 90 Prozent des Nenn-Fülldruckes aufweisen, das heißt, bei einem 300-Bar-Gerät einen Fülldruck von mindestens 270 Bar. Eine Ursache für einen zu niedrigen Fülldruck kann zum Beispiel eine Undichtigkeit an der Druckluftflasche sein. Aus diesem Grund ist ein Pressluftatmer mit einem zu niedrigen Fülldruck grundsätzlich nicht einsatzbereit. Dies ist umgehend dem zuständigen Einheitsführer zu melden.

■ Truppweise vorgehen

Bei Atemschutzeinsätzen unter Verwendung von Pressluftatmern (oder Regenerationsgeräten) müssen Atemschutzgeräteträger immer truppweise vorgehen, das heißt, ein Truppführer und mindestens ein Truppmann.

Die Einsatzkräfte innerhalb eines Atemschutztrupps unterstützen sich gegenseitig beim Anlegen der persönlichen Schutzausrüstungen und der Atemschutzgeräte und insbesondere beim Anschließen des Lungenautomaten (oder des Atemschlauches) an den Atemanschluss. Sie kontrollieren gegenseitig den sicheren Sitz der Schutzausrüstungen und der Atemschutzgeräte sowie die richtige Lage der Anschlussleitungen und der Begurtung.

Der Atemschutztrupp bleibt im Einsatz immer eine Einheit und tritt auch immer gemeinsam den Rückweg an. Dadurch wird im Einsatzverlauf sichergestellt, dass sich die Atemschutzgeräteträger gegenseitig sichern, bei ihren Einsatzmaßnahmen gegenseitig unterstützen und den funktionsfähigen Zustand der Atemschutzausrüstung gegenseitig überwachen können.

Abbildung 28: Gegenseitige Unterstützung beim Anschließen der Lungenautomaten (Quelle: Jolan Griemsmann, Nachrichtenportal Wiesbaden112.de)

Vom Grundsatz des truppweisen Vorgehens der Atemschutzgeräteträger darf nur bei besonderen Einsatzlagen und nur unter Beachtung zusätzlicher Sicherungsmaßnahmen abgewichen werden, zum Beispiel bei eingeschränkten Platzverhältnissen beim Einstieg in einen Behälter oder einen engen Schacht oder Kanal. Der vorgehende Atemschutzgeräteträger ist jedoch zu sichern, zum Beispiel durch Halten mit einer angelegten Feuerwehrleine und einem Feuerwehr-Haltegurt. Der andere Atemschutzgeräteträger steht mit angelegtem Pressluftatmer und Atemanschluss (Lungenautomat nicht angeschlossen) für mögliche Notfälle bereit.

■ Einsatzbereitschaft überwachen

Der Truppführer des Atemschutztrupps muss vor und während des Einsatzes (oder einer Übung) die Einsatzbereitschaft seines Trupps überwachen und dabei insbesondere die Behälterdrücke der Pressluftatmer kontrollieren und diese dem zuständigen Einheitsführer melden. Durch die Überwachung der Einsatzbereitschaft können gegebenenfalls auftretende technische Mängel an den Atemschutzgeräten frühzeitig erkannt werden, bevor sie zu einer Gefährdung der Atemschutzgeräteträger führen.

Durch die regelmäßige Kontrolle der Behälterdrücke kann weiterhin sichergestellt werden, dass der Atemschutztrupp rechtzeitig den gemeinsamen Rückweg antritt, für den üblicherweise die doppelte Atemluftmenge wie für den Hinweg einzuplanen ist. Die mögliche Einsatzdauer des Atemschutztrupps richtet sich nach dem Atemschutzgeräteträger innerhalb des Trupps, dessen Atemluftverbrauch am größten ist.

■ Handsprechfunkgeräte verwenden

Jeder Atemschutztrupp muss grundsätzlich mit einem Handsprechfunkgerät ausgerüstet sein, um Lagemeldungen (auch zur eigenen Lage) und Rückmeldungen an den zuständigen Einheitsführer abzugeben, sich in einer Notsituation bemerkbar zu machen und Hilfe anzufordern sowie von außen über sich gegebenenfalls ändernde Einsatzsituationen informiert zu werden. Auf die Verwendung von Handsprechfunkgeräten kann an den Einsatzstellen verzichtet werden, an denen eine Sichtverbindung zum Atemschutztrupp besteht und eine Atemschutzüberwachung nicht erforderlich ist, zum Beispiel beim Brand eines Kraftfahrzeuges oder eines Müllcontainers im Freien.

Nach dem Anschließen des Lungenautomaten an den Atemanschluss, beim Erreichen des befohlenen Einsatzziels (zum Beispiel zweites Obergeschoss, Brandraum, ...) und beim Antreten des Rückweges muss sich der Atemschutztrupp über Sprechfunk beim zuständigen Einheitsführer melden. Weitere Meldungen (zum Beispiel Auffinden einer Person, verschlossene Türen, besondere Gefahren, ...) sind vom Atemschutztrupp in Abhängigkeit von der jeweiligen Lage abzugeben.

Aufgrund der begrenzten Reichweite von Handsprechfunkgeräten ist die Erreichbarkeit der vorgehenden Atemschutztrupps laufend zu prüfen und sicherzustellen. Wird die Sprechfunkverbindung unterbrochen, muss der bereitstehende Sicherheitstrupp eingesetzt werden und so weit vorgehen, bis die Sprechfunkverbindung zum Atemschutztrupp wiederhergestellt ist oder der Sicherheitstrupp den Atemschutztrupp erreicht hat. In diesem Fall ist sofort ein weiterer zusätzlicher Sicherheitstrupp bereitzustellen.

■ Rückweg sichern

Hat der vorgehende Atemschutztrupp keine Schlauchleitung vorgenommen, ist das Auffinden des Rückweges beziehungsweise des vorgegangenen Atemschutztrupps auf andere Weise sicherzustellen, zum Beispiel durch eine Feuerwehrleine oder ein Leinensicherungssystem. Die Sprechfunkverbindung oder die Verwendung einer Wärmebildkamera sind keine geeigneten Mittel zur Sicherung des Rückweges.

■ Sicherheitstrupp bereitstellen

Ein Sicherheitstrupp ist ein außerhalb des Gefahrenbereiches bereitstehender Atemschutztrupp, der eingesetzten Atemschutztrupps bei einem Atemschutznotfall unverzüglich Hilfe leisten soll. An jeder Einsatzstelle muss für die eingesetzten Atemschutztrupps mindestens ein Sicherheitstrupp, bestehend aus mindestens zwei Atemschutzgeräteträgern und ausgerüstet mit geeigneten Atemschutzgeräten (gegebenenfalls Pressluftatmer mit Nenn-Fülldruck 300 Bar und zwei Druckluftflaschen) zum sofortigen Einsatz bereitstehen. Je nach Schadenlage und Anzahl der Atemschutztrupps beziehungsweise Anzahl der Atemschutzgeräteträger in den eingesetzten Atemschutztrupps muss die Anzahl der Sicherheitstrupps und die Anzahl der Atemschutzgeräteträger in den Sicherheitstrupps erhöht werden. Dies gilt insbesondere bei Atemschutzeinsätzen in ausgedehnten baulichen Anlagen, zum Beispiel unterirdischen Verkehrsanlagen (Tunnel, Tiefgaragen, ...).

An Einsatzstellen, an denen eine Gefährdung der vorgehenden Atemschutztrupps weitestgehend auszuschließen oder die Rettung durch einen Sicherheitstrupp auch ohne Atemschutz möglich ist, zum Beispiel an Einsatzstellen im Freien (mit Sichtverbindung zum Atemschutztrupp), kann auf die Bereitstellung von Sicherheitstrupps verzichtet werden. Gehen mehrere Atemschutztrupps über verschiedene Angriffswege in von außen nicht einsehbare Bereiche von baulichen Anlagen vor, soll für jeden dieser Angriffswege mindestens ein Sicherheitstrupp zum sofortigen Einsatz bereitstehen. Die Anzahl der bereitzuhaltenden Sicherheitstrupps richtet sich ansonsten nach der Beurteilung der vorliegenden Lage durch den Einsatzleiter.

Jeder Atemschutzgeräteträger innerhalb eines Sicherheitstrupps muss sein Atemschutzgerät mit Atemanschluss anlegen und eine Einsatzkurzprüfung durchführen. Je nach vorliegender Einsatzlage muss sich der Sicherheitstrupp bestimmte Ausrüstungen, zum Beispiel eine Atemschutznotfalltasche mit entsprechendem Inhalt, ein Tragetuch oder ein vergleichbares Transportgerät und/oder ähnlich für den sofortigen Einsatz bereitlegen.

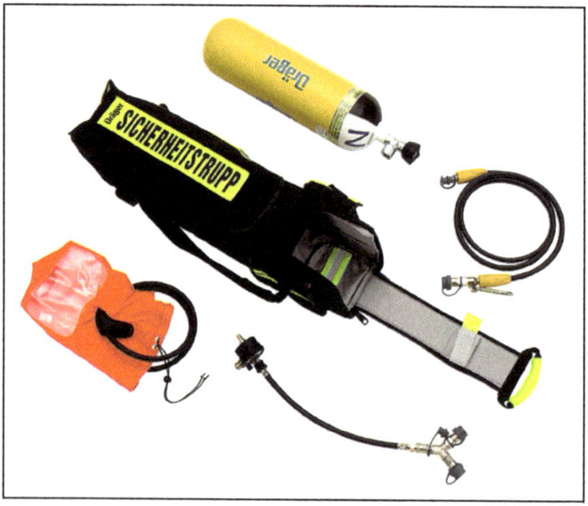

Abbildung 29:
Beispiel für eine Atemschutznotfalltasche
(Quelle: Drägerwerk AG & Co. KGaA, Lübeck)

■ Unfall oder Beinaheunfall dokumentieren

Passiert mit einem Pressluftatmer ein Unfall, sind der Öffnungszustand des Flaschenventils und die Anzahl der Umdrehungen bis zum Schließen des Ventils zu kennzeichnen und schriftlich festzuhalten. Der Behälterdruck ist ebenfalls schriftlich festzuhalten. Der Pressluftatmer einschließlich Atemanschluss ist sicherzustellen. Jeder Unfall oder Beinaheunfall ist dem Leiter der Feuerwehr umgehend zu melden.

9.4 Selbstkontrolle und Testfragen

(Lösungen siehe Seite 127)

1. Welche allgemeinen Einsatzgrundsätze müssen beachtet werden?

a) Atemschutzgeräte außerhalb des Gefahrenbereiches an- und ablegen.
b) Atemschutzgeräte vor einem Einsatz instandhalten.
c) Zwischen zwei Einsätzen eine Ruhepause einlegen.
d) Den Flüssigkeitsverlust durch geeignete Getränke ausgleichen.

2. Welche Einsatzgrundsätze müssen der Verwendung von Filtergeräten beachtet werden?

a) Nur einsetzen, wenn ausreichend Sauerstoff vorhanden ist.
b) Nicht einsetzen, wenn ausreichend Sauerstoff vorhanden ist.
c) Nicht einsetzen, wenn eine starke Flocken- und Staubbildung vorliegt.
d) Nur einsetzen, wenn ein Sicherheitstrupp bereitsteht.

3. Welche Grundsätze müssen beim Einsatz von Pressluftatmern beachtet werden?

a) Truppweise vorgehen.
b) Einsatz überwachen.
c) Einsatzdauer beschreiben.
d) Sicherungstrupp bereitstellen.
e) Rückweg sichern.

4. Welche Anforderungen werden an einen Sicherungstrupp gestellt?

a) Er muss aus mindestens zwei Atemschutzgeräteträgern bestehen.
b) Er muss nur im Notfall bereitstehen.
c) Er darf Strahlrohre im Außenangriff vornehmen.
d) Er muss geeignete Atemschutzgeräte einsatzbereit angelegt haben.
e) Er muss gegebenenfalls eine bestimmte Ausrüstung bereithalten, zum Beispiel eine Atemschutznotfalltasche.

10 Atemschutzeinsatz

Die Aufgaben, die an Atemschutzgeräteträger während eines Atemschutzeinsatzes gestellt werden, sind umfangreich und zunehmend gefahrvoll – insbesondere bei Einsatzmaßnahmen innerhalb von Gebäuden oder baulichen Anlagen. Für einen erfolgreichen und unfallsicheren Atemschutzeinsatz müssen Atemschutzgeräteträger bestimmte Voraussetzungen erfüllen und eine angemessene persönliche Schutzausrüstung und Einsatzausrüstung verwenden. Darüber hinaus muss grundsätzlich eine Atemschutzüberwachung der vorgehenden Atemschutztrupps durchgeführt werden.

Sowohl bei der Suche und der Rettung von betroffenen Personen als auch bei der Brandbekämpfung im Innenangriff ist es erforderlich, dass die vorgehenden Atemschutztrupps bei der Orientierung an und in Gebäuden oder Anlagen, beim Öffnen von Türen und beim Absuchen und Kennzeichnen von Räumen gezielt und planmäßig vorgehen.

Gerät ein Atemschutztrupp während eines Atemschutzeinsatzes in eine Notsituation, aus der er sich mit eigener Hilfe nicht befreien kann, muss er unverzüglich eine Notfallmeldung absetzen. Der zuständige Einheitsführer muss dann umgehend Maßnahmen zur Suche und Rettung der betroffenen Atemschutzgeräteträger einleiten.

10.1 Voraussetzungen

Unter Atemschutz dürfen nur Atemschutzgeräteträger eingesetzt werden, die zum Zeitpunkt eines Einsatzes (oder einer Übung) gesund und ausgeruht sind. Fühlt sich ein Atemschutzgeräteträger nicht in der Lage, unter Atemschutz vorzugehen, muss er dies unverzüglich und eigenverantwortlich dem zuständigen Einheitsführer melden. Auch im Verlauf eines Einsatzes (oder einer Übung) auftretende Einschränkungen der körperlichen Belastbarkeit, akute Verletzungen oder aufkommende Erschöpfung müssen unverzüglich gemeldet werden.

Der Atemschutzeinsatz wird je nach Lage unter ausdrücklicher Benennung der Geräteart (zum Beispiel: *„... unter PA vor!“*) vom jeweiligen Einheitsführer (Gruppenführer, Staffelführer) befohlen. Innerhalb eines Atemschutztrupps sollen die gleichen Typen von Atemschutzgeräten verwendet werden. Bei der Verwendung von Pressluftatmern ist darauf zu achten, dass die Geräte einen annähernd gleichen Inhalt (Behälterdruck) haben.

Gemäß der DGUV Vorschrift 49 „Unfallverhütungsvorschrift Feuerwehren“ müssen bei besonderen Gefahren spezielle persönliche Schutzausrüstungen vorhanden sein, die in Art und Anzahl auf diese Gefahren abgestimmt sind. Für den Einsatz unter Atemschutz (im Innenangriff) ist die Verwendung der folgenden persönlichen Schutzausrüstung erforderlich:

- Feuerwehrschutzkleidung (Überjacke und Überhose)
- Feuerwehrhelm mit Nackenschutz
- Feuerwehrschutzhandschuhe
- Feuerwehrschutzschuhe (zum Beispiel Feuerwehrschutzstiefel)
- Feuerschutzhaube

Zusätzlich sind folgende Ausrüstungen erforderlich:

- Pressluftatmer (oder Regenerationsgerät) mit Vollmaske
- Warn- und Signalgerät (Notsignalgeber)
- mindestens ein Handsprechfunkgerät je Trupp
- mindestens eine Einsatzleuchte oder Handleuchte je Trupp

Weiterhin können zum Beispiel folgende Ausrüstungen mitgeführt werden:

- Feuerwehr-Haltegurt mit Feuerwehrbeil und Schutztasche
- Feuerwehrleine mit Feuerwehrmehrzweckbeutel
- Feuerwehraxt oder vergleichbares Brechwerkzeug
- Wärmebildkamera für den Einsatz im Innenangriff
- Holzkeile, Kennzeichnungsbänder, Kreide, Fettstift oder ähnlich

10.2 Atemschutzüberwachung

Gemäß den Vorgaben der Feuerwehr-Dienstvorschrift 7 (FwDV 7) „Atemschutz“ muss grundsätzlich bei jedem Einsatz und bei jeder Übung mit Pressluftatmern eine Atemschutzüberwachung durchgeführt werden. Die Atemschutzüberwachung beinhaltet alle Maßnahmen zur ständigen Kontrolle und Unterstützung der vorgehenden Atemschutztrupps und dabei insbesondere die Registrierung und die Zeitüberwachung des Atemschutzeinsatzes. Sie ersetzt jedoch nicht die grundsätzliche Eigenverantwortung der Atemschutzgeräteträger beziehungsweise der Atemschutztrupps.

Durch die Atemschutzüberwachung kann der jeweils zuständige Einheitsführer unter anderem

- die jeweilige Einsatzsituation der Atemschutztrupps erkennen (Wo ist der Trupp? Was macht der Trupp? Ist der Trupp in Gefahr?),
- die Atemschutztrupps an das Antreten des Rückweges erinnern,
- eine vermeintliche Notsituation (Unterbrechung des Kontaktes zum Trupp, Überfälligkeit des Trupps, Ablauf der Einsatzzeit, ...) gegebenenfalls rechtzeitig bemerken und/oder
- bei der Meldung einer Notsituation durch den Atemschutztrupp gezielte Rettungsmaßnahmen von außen einleiten.

Die Atemschutzüberwachung wird üblicherweise fahrzeugbezogen durchgeführt. Für die Durchführung ist der zuständige Einheitsführer (Gruppenführer, Staffelführer) verantwortlich. Er kann andere Einsatzkräfte – die die Grundsätze der Atemschutzüberwachung kennen müssen – zur Unterstützung hinzuziehen, zum Beispiel für die Registrierung der notwendigen Einsatzdaten und für die Zeitüberwachung. Für diese Aufgabe kann zum Beispiel der Maschinist oder der Melder oder eine zu diesem Zweck eingeteilte Einsatzkraft hinzugezogen werden.

Hinweis: Gemäß der Feuerwehr-Dienstvorschrift 3 (FwDV 3) „Einheiten im Lösch- und Hilfeleistungseinsatz“ unterstützt der Maschinist auf Befehl des Einheitsführers bei der Atemschutzüberwachung.

10.2.1 Hilfsmittel

Für die Registrierung und Zeitüberwachung im Rahmen der Atemschutzüberwachung sollen gemäß der Feuerwehr-Dienstvorschrift 7 (FwDV 7) geeignete Hilfsmittel zur Verfügung stehen. Um die notwendigen Einsatzdaten und die dazugehörenden Einsatzzeiten schneller und vor allem sicherer erfassen und überwachen zu können, werden zum Beispiel eine Atemschutzüberwachungstafel mit Kurzzeitmessern, Erfassungsblatt und Schreibgeräte oder auch elektronische Systeme mit weitgehend automatischer Datenerfassung als Hilfsmittel verwendet.

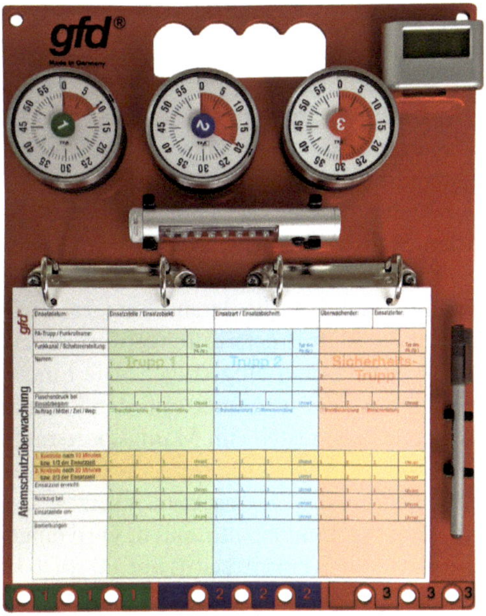

Abbildung 30:
Beispiel für eine Atemschutzüberwachungstafel
(Quelle: gfd® GmbH – Gemeinschaft Feuerwehrfachhandel Deutschland, Ludwigsfelde)

Hinweis: Alle Einsatzfahrzeuge der Feuerwehr, auf denen gemäß der jeweiligen Fahrzeugnorm mehr als zwei Pressluftatmer mitgeführt werden, sind mit einem – nicht näher beschriebenen – Atemschutzüberwachungssystem ausgerüstet.

10.2.2 Registrierung der notwendigen Einsatzdaten und -zeiten

Für die Registrierung der notwendigen Einsatzdaten und Einsatzzeiten und vor allem zur Überwachung des Atemluftverbrauchs der eingesetzten Atemschutzgeräteträger – abgeleitet aus dem verbleibenden Behälterdruck der Druckluftflaschen – müssen durch die beauftragte Einsatzkraft zum Beispiel folgende Daten und Zeiten auf der Atemschutz-Überwachungstafel handschriftlich eingetragen werden:

- **Atemschutztrupp:** Die Bezeichnung des Atemschutztrupps (mit Funkrufnamen) sowie der vom Einheitsführer erteilte Auftrag, das befohlene Ziel und gegebenenfalls der Weg dorthin werden eingetragen.
- **Namen der Atemschutzgeräteträger:** Die Namen werden entsprechend der Funktion innerhalb des Atemschutztrupps (Truppführer, Truppmann 1, Truppmann 2) eingetragen. Ergänzend dazu können Anhänger mit den Namenschildern der Atemschutzgeräteträger an der entsprechenden Stelle der Atemschutzüberwachungstafel befestigt werden.
- **Nummer der Pressluftatmer:** Die Nummern der verwendeten Pressluftatmer werden eingetragen. Dies kann auch zum Abschluss der Registrierung erfolgen.
- **Behälterdrücke beim Einsatzbeginn:** Nachdem die Atemschutzgeräteträger die Einsatzkurzprüfung an ihren Pressluftatmern durchgeführt haben, werden die Behälterdrücke ihrer Pressluftatmer eingetragen. Die Eintragung kann auch nach dem Anlegen der Pressluftatmer und der Einsatzkurzprüfung während der Anfahrt zur Einsatzstelle im Mannschaftsraum des Löschfahrzeuges erfolgen.
- **Einsatzbeginn:** Die Uhrzeit zum Beginn des Atemschutzeinsatzes, das heißt, der Zeitpunkt des Anschließens der Lungenautomaten, wird eingetragen und der auf 1/3 der zu erwartenden Einsatzzeit (zum Beispiel 10 Minuten) eingestellte Kurzzeitwecker gestartet.
- **Einsatzziel erreicht:** Der Hinweg ist die Strecke, die der Atemschutztrupp nach dem Anschließen der Lungenautomaten bis zum befohlenen Einsatzziel zurücklegt. Erreicht der Atemschutztrupp das Einsatzziel, gibt der Truppführer des Atemschutztrupps eine Lagemeldung an den zuständigen Einheitsführer und gibt dabei auch die Behälterdrücke durch, die zusammen mit der Uhrzeit eingetragen werden.

Einsatzdatum	28.09.2022	Einsatzart	Rettung / Brandbek.
Einsatzstelle	Goethestraße 33	Einsatzobjekt	Wohnhaus
Einheit	HLF 1 / 46	Einheitsführer	HBM R. Hofer

Trupp	Angriffstrupp 1 / 46	Auftrag	Menschenrettung
Ziel	Wohnung 1. OG	Weg	über Treppenraum

Funktion	-----	Truppführer	Truppmann 1	Truppmann 2
Name	-----	G. Koch	H. Rasche	
Nummer Gerät	-----	PA 17	PA 22	
Einsatzbeginn	12:16 Uhr	290 Bar	300 Bar	Bar
Einsatzziel erreicht	12:19 Uhr	260 Bar	270 Bar	Bar
1/3 der erwarteten Einsatzzeit	12:25 Uhr	240 Bar	240 Bar	Bar
2/3 der erwarteten Einsatzzeit	12:33 Uhr	170 Bar	160 Bar	Bar
Antritt des Rückweges	12:36 Uhr	150 Bar	140 Bar	Bar
Einsatzende	12:40 Uhr	130 Bar	120 Bar	Bar

Bemerkungen	eine Person mit Brandfluchthaube aus dem Gebäude gerettet

Trupp	Wassertrupp 1 / 46	Auftrag	Sicherheitstrupp
Ziel		Weg	

Funktion	-----	Truppführer	Truppmann 1	Truppmann 2
Name	-----	A. Vollmer	F. Yüksel	
Nummer Gerät	-----	PA 12	PA 14	
Einsatzbeginn	Uhr	300 Bar	300 Bar	Bar
Einsatzziel erreicht	Uhr	Bar	Bar	Bar
1/3 der erwarteten Einsatzzeit	Uhr	Bar	Bar	Bar
2/3 der erwarteten Einsatzzeit	Uhr	Bar	Bar	Bar
Antritt des Rückweges	Uhr	Bar	Bar	Bar
Einsatzende	Uhr	Bar	Bar	Bar

Bemerkungen	musste nicht eingesetzt werden

Erfassung durch	St. Jasper (ME)

Abbildung 31: Beispiel für die Registrierung der Einsatzdaten und -zeiten
(Quelle: Hans Kemper, Geseke)

- **1/3 der erwarteten Einsatzzeit:** Zusammen mit den Lagemeldungen des Truppführers des Atemschutztrupps an den zuständigen Einheitsführer müssen auch die Behälterdrücke der Pressluftatmer übermittelt und zusammen mit der Uhrzeit eingetragen werden. Meldet sich der Atemschutztrupp vor Ablauf des ersten Drittels der zu erwartenden Einsatzzeit (zum Beispiel 10 Minuten) nicht, informiert die mit der Registrierung und Zeitüberwachung beauftragte Einsatzkraft den Einheitsführer. Dieser fordert den Atemschutztrupp dann umgehend auf, die Behälterdrücke der Pressluftatmer durchzugeben.
- **2/3 der erwarteten Einsatzzeit:** Zusammen mit den weiteren Lagemeldungen des Truppführers des Atemschutztrupps an den zuständigen Einheitsführer werden auch die Behälterdrücke der Atemschutzgeräteträger übermittelt und zusammen mit der Uhrzeit eingetragen. Meldet sich der Atemschutztrupp vor Ablauf des zweiten Drittels der zu erwartenden Einsatzzeit (zum Beispiel 20 Minuten) nicht, informiert die mit der Registrierung beauftragte Einsatzkraft den Einheitsführer. Dieser fordert den Atemschutztrupp dann umgehend auf, die Behälterdrücke der Pressluftatmer durchzugeben.
- **Antritt des Rückweges:** Der Rückweg ist die Strecke, die der Atemschutztrupp vom Ort, an dem der Einsatzauftrag ausgeführt wurde, bis zu dem Ort zurücklegt, an dem er gefahrlos das Atemschutzgerät ablegen kann. Der Antritt des Rückweges wird vom Truppführer des Atemschutztrupps mit Angabe der Behälterdrücke an den zuständigen Einheitsführer übermittelt. Die Behälterdrücke werden zusammen mit der Uhrzeit eingetragen. Für den Rückweg ist üblicherweise die doppelte Atemluftmenge einzuplanen, die für den Hinweg verbraucht wurde.
- **Einsatzende:** Wenn der Atemschutztrupp außerhalb des Gefahrenbereiches die Lungenautomaten von den Atemschutzmasken abnimmt und die Pressluftatmer gefahrlos ablegen kann, ist für ihn dieser Atemschutzeinsatz beendet. Der Atemschutztrupp meldet sich beim zuständigen Einheitsführer und bei der mit der Registrierung und der Zeitüberwachung beauftragten Einsatzkraft zurück. Die Behälterdrücke werden zusammen mit der Uhrzeit zum Einsatzende eingetragen.

- **Bemerkungen:** Unter Bemerkungen werden zum Beispiel die Art der Einsatztätigkeit und/oder besondere Vorkommnisse, zum Beispiel erkannte Defekte an der Atemschutzausrüstung, besondere Belastungen der Atemschutzgeräteträger, Bezeichnung von Stoffen und Materialien bei einem ABC-Einsatz oder Ähnliches vermerkt.
- **Abschluss der Registrierung:** Mit der Eintragung von Einsatzdatum, Einsatzart, Einsatzstelle, Einsatzobjekt, Einheit, Einheitsführer sowie dem Namen der beauftragten Einsatzkraft wird die Registrierung des Atemschutzeinsatzes und die Zeitüberwachung abgeschlossen. Das ausgefüllte Erfassungsblatt wird dem Einsatzbericht beigelegt.

10.2.3 Lagemeldungen

Der Einheitsführer ist für die Beurteilung der Lage und für die Durchführung der Atemschutzüberwachung auf die selbstständig und regelmäßig abzugebenden Lagemeldungen des Atemschutztrupps angewiesen. Er muss unter anderem wissen, wo sich der Atemschutztrupp jeweils befindet und welche Einsatztätigkeiten der Atemschutztrupp dort gerade durchführt.

Die für die Atemschutzüberwachung benötigten Angaben zu den Behälterdrücken der Pressluftatmer sollten vom Truppführer des Atemschutztrupps als Bestandteil der Lagemeldungen an den Einheitsführer übermittelt werden. Der Einheitsführer kann aufgrund der übermittelten Behälterdrücke den jeweiligen Luftverbrauch der Atemschutzgeräteträger abschätzen und den weiteren Einsatzablauf planen. Durch die Übermittlung der Behälterdrücke zusammen mit den Lagemeldungen wird darüber hinaus die Anzahl der zu führenden Funkgespräche verringert.

10.3 Orientierung

Vor dem Betreten eines üblicherweise unbekannten Gebäudes muss sich der vorgehende Atemschutztrupp zunächst außen am Gebäude orientieren und dabei die jeweiligen Abmessungen des Gebäudes (Länge, Breite, Höhe) sowie weitere Merkmale berücksichtigen, zum Beispiel Bauart, Nutzung, Zugänge, Fenster, sichtbares Feuer, Verrauchung oder ähnlich.

Dies ermöglicht dem Truppführer des Atemschutztrupps, die Anzahl der benötigten C-Schläuche festzulegen und erleichtert dem Atemschutztrupp das Vorgehen innerhalb des Gebäudes beziehungsweise der verrauchten Bereiche des Gebäudes. Die Feuerwehr-Dienstvorschrift FwDV 1 „Grundtätigkeiten – Lösch- und Hilfeleistungseinsatz“ enthält den Hinweis, dass zur Überwindung eines Geschosses ein C-Schlauch und zum Absuchen einer Nutzungseinheit mindestens ein weiterer C-Schlauch benötigt wird. Die jeweiligen Abmessungen des Gebäudes sind dabei zu berücksichtigen.

Hinweis: Bestehen innerhalb eines Gebäudes unzureichende Sichtverhältnisse (Dunkelheit, Rauch, ...), muss der vorgehende Atemschutztrupp zur Orientierung einen ständigen Kontakt mit dem Gebäude (Wand, Treppengeländer, ...) halten und sich darüber hinaus an der ausgelegten Schlauchleitung oder einer ausgelegten Feuerwehrleine orientieren.

10.4 Öffnen von Türen

Vor dem Öffnen von Türen zu Bereichen und Räumen muss zunächst geprüft werden, in welche Richtung (in Angriffsrichtung beziehungsweise entgegen der Angriffsrichtung) und zu welcher Seite sich die Tür öffnen lässt. Besteht beim Öffnen von Türen eine Gefährdung durch eine schnelle Brandausbreitung (Rauchdurchzündung, ...), muss zur Sicherung des Atemschutztrupps immer eine Schlauchleitung mit Hohlstrahlrohr (Wasser am Strahlrohr!) bereitgehalten werden. Dabei muss auch eine ausreichende Schlauchreserve innerhalb des Gebäudes sichergestellt sein.

Die Tür wird durch den Truppführer vorsichtig und langsam geöffnet. Er begibt sich dabei in die Hocke und nutzt in Abhängigkeit von der Öffnungsrichtung das Türblatt oder eine Wand als Deckung. Der Truppmann positioniert sich in sicherer Deckung neben der Tür, sodass er ohne Behinderung nach dem Öffnen das Hohlstrahlrohr erforderlichenfalls durch die geöffnete Tür in Richtung Deckenbereich einsetzen beziehungsweise zur Brandbekämpfung zügig in den betroffenen Raum vorgehen kann.

Abbildung 32:
Öffnen einer Zugangstür im Rahmen einer Einsatzübung (Quelle: Fabian Klein, Nachrichtenportal Wiesbaden112.de)

Bei Türen, die entgegen der Angriffsrichtung öffnen, kann der Truppführer beim Öffnungsvorgang mit einem Fuß oder einer Feuerwehraxt am unteren Ende des Türblattes ein unbeabsichtigtes Aufschlagen der Tür (zum Beispiel aufgrund einer Durchzündung im Raum und einem damit verbundenen Druckanstieg) verhindern. Bei Türen, die in Angriffsrichtung öffnen, kann der Truppführer eine Feuerwehraxt zum Aufschieben der Tür und eine an der Türklinke befestigte Bandschlinge (oder einen Seilschlauchhalter) zum gegebenenfalls erforderlichen schnellen Schließen der Tür verwenden.

Hinweis: Das Öffnen der Tür durch den Truppführer erfolgt in Abstimmung mit dem Truppmann. Die Tür wird anfangs nur einen Spalt weit geöffnet, um zu erkunden, welche Lage hinter der Tür vorliegt.

10.5 Absuchen von Bereichen und Räumen

Ein schnelles Retten von betroffenen Personen und/oder Auffinden eines Brandherdes kann nur erreicht werden, wenn die vorgehenden Atemschutztrupps bestimmte Vorgehensweisen anwenden, um Bereiche und Räume schnellstmöglich und gründlich abzusuchen.

Hinweis: Der Einsatz von Wärmebildkameras kann beim Vorliegen von schlechten Sichtverhältnissen (Brandrauch, Dunkelheit, ...) die Suche unterstützen und deutlich beschleunigen.

10.5.1 Erste und zweite Suche

Beim Absuchen von Bereichen und Räumen wird grundsätzlich zwischen einer sofortigen und schnellen ersten Suche und einer nachfolgenden gründlichen und genauen zweiten Suche unterschieden.

- Aufgrund bestimmter Einsatzlagen (Feuer, starke Verrauchung, ...) und eines hohen Zeitdrucks werden bei einer **ersten Suche** vor allem die Bereiche und Räume abgesucht, die einfach zugänglich sind und in denen sich wahrscheinlich betroffene Personen befinden.
- Ist ein gegebenenfalls vorliegender Brand unter Kontrolle, werden im betroffenen Bereich wirksame Lüftungsmaßnahmen durchgeführt und liegen ausreichende Sichtverhältnisse vor, wird nachfolgend in allen zuvor abgesuchten Bereichen und Räumen eine gründliche und abschließende **zweite Suche** durchgeführt – idealerweise durch einen anderen Atemschutztrupp.

10.5.2 Grundsätze beim Absuchen

Beim Absuchen von Bereichen und Räumen müssen die vorgehenden Atemschutztrupps bestimmte Grundsätze beachten, die sowohl ihrem eigenen Schutz als auch dem wirksamen und sicheren Absuchen dienen.

■ Reihenfolge beim Vorgehen

Beim Absuchen geht grundsätzlich der Truppführer vor, da er die Hände zum Tasten frei hat und – soweit möglich – mit seinem mitgeführten Beleuchtungsgerät den Bereich oder Raum beim Vorgehen ausleuchten kann.

Besteht für den Atemschutztrupp in den betroffenen Bereichen und Räumen jedoch eine Gefährdung durch eine schnelle Brandausbreitung (Rauchdurchzündung, ...) muss zum Schutz des Trupps der Truppmann mit der Schlauchleitung mit Hohlstrahlrohr (Wasser am Strahlrohr!) vorgehen.

■ Gangart und Hindernisse

In verrauchten Bereichen und Räumen und bei einer Gefährdung durch eine schnelle Brandausbreitung müssen die Atemschutzgeräteträger kriechend beziehungsweise in gebückter, bodennaher und somit sicherer Haltung vorgehen. Dadurch können sie Hindernisse, Treppen, Deckendurchbrüche oder Ähnliches ertasten, ohne dabei aus dem Gleichgewicht zu geraten und zu stürzen. Darüber hinaus ist in Bodennähe die Sicht oftmals besser und die Wärmeeinwirkung geringer. Weiterhin müssen abwärtsführende Treppen in verrauchten Bereichen rückwärts kriechend begangen werden. Dabei kann mit den Füßen die Absatzhöhe der Treppen gefahrlos ertastet werden, da sich der Körperschwerpunkt der Atemschutzgeräteträger noch oberhalb der Absatzkante der Treppen befindet.

■ Sicherung des Rückweges

Hat der vorgehende Atemschutztrupp aufgrund der vorliegenden Einsatzlage keine Schlauchleitung vorgenommen, ist zur Eigensicherung das Auffinden des Rückweges durch eine Feuerwehrleine oder durch ein Leinensicherungssystem sicherzustellen.

■ Suchbreite eines Atemschutztrupps

Ein aus zwei Atemschutzgeräteträgern bestehender Trupp kann in verrauchten Bereichen und Räumen nebeneinander vorgehen und dabei eine Suchbreite von etwa drei Metern abdecken. Um zu verhindern, dass sich der Trupp beim Vorgehen ungewollt trennt, hält sich ein Atemschutzgeräteträger am Karabinerhaken des ausgehängten Sicherungsseils vom Feuerwehr-Haltegurt des anderen Atemschutzgeräteträgers fest.

Hinweis: Anstelle des Sicherungsseils vom Feuerwehr-Haltegurt kann auch ein Seilschlauchhalter oder eine Bandschlinge verwendet werden. Eine feste Verbindung zwischen den beiden Atemschutzgeräteträgern, zum Beispiel durch das Einhaken des Karabinerhakens oder das Verknoten beider Enden des Seilschlauchhalters oder der Bandschlinge, ist jedoch nicht zulässig.

10.5.3 Suche innerhalb von Räumen

Beim Absuchen von verrauchten Räumen muss sichergestellt werden, dass der gesamte Raum systematisch und gründlich abgesucht wird. Die richtige Vorgehensweise bei der Suche von vermissten Personen innerhalb verrauchter Räume hängt vor allem von der jeweiligen Größe der Räume ab, die im Rahmen der Erkundung abgeschätzt werden muss.

■ Suche in kleineren Räumen

Kleinere Räume mit einer Größe bis etwa 5 m × 5 m kann der Atemschutztrupp in einem Durchgang gemeinsam absuchen, sofern im betreffenden Raum kein Brandgeschehen festzustellen ist.

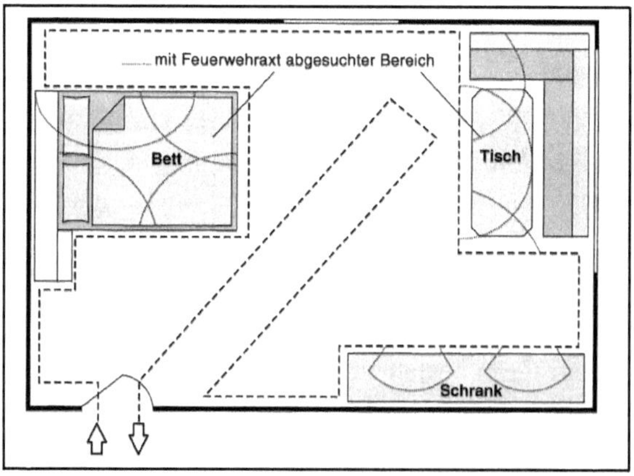

Abbildung 33: Beispielhafte Suche in einem kleineren Raum (Linke-Hand-Suche) (Quelle: Emmerling, Düsseldorf)

In Abhängigkeit von den örtlichen Gegebenheiten folgt der Truppführer dabei mit der rechten Hand dem rechten Wandverlauf beziehungsweise mit der linken Hand dem linken Wandverlauf und bleibt dabei immer in Kontakt mit der Wand. Der Truppmann bewegt sich parallel zum Truppführer, um die Suchbreite zu erweitern. Zur Vergrößerung des Suchbereiches kann dabei eine Feuerwehraxt (Axtstiel nach vorne) verwendet werden. Bei diesem Vorgehen gelangt der Atemschutztrupp zwangsläufig wieder zu seinem Ausgangspunkt zurück. Die Rückwegsicherung erfolgt gegebenenfalls über eine mitgeführte Feuerwehrleine, die im Eingangsbereich befestigt wird und beim Vorgehen des Atemschutztrupps straff geführt werden muss.

■ Suche in größeren Räumen

Größere Räume mit einer Größe bis etwa 20 m × 20 m können aufgrund der Suchbreite von nur etwa drei Meter nicht in einem Durchgang und dem Wandverlauf folgend abgesucht werden. In Räumen dieser Größe muss der Atemschutztrupp halbkreisförmig vorgehen und den Raum dabei in Kreissegmenten nach und nach vollständig absuchen. Die Rückwegsicherung erfolgt über eine mitgeführte Feuerwehrleine, die im Eingangsbereich befestigt wird und beim Vorgehen straff geführt werden muss. Der Atemschutztrupp beginnt gemeinsam den Raum in einem Radius von etwa drei Meter halbkreisförmig abzusuchen. Ist das erste Kreissegment abgesucht, wird die Feuerwehrleine um eine Suchbreite von etwa drei Metern verlängert und das nächste Segment abgesucht. Dieses Vorgehen wiederholt sich, bis der gesamte Raum vollständig abgesucht wurde. Besteht bei der Suche eine Brandgefahr, muss zusätzlich eine Schlauchleitung mitgeführt werden.

10.6 Kennzeichnung von Türen

Damit einerseits ein unbeabsichtigtes mehrfaches Absuchen von betroffenen Räumen und der damit verbundene Zeitaufwand vermieden und andererseits das Absuchen aller Räume eines betroffenen Bereiches sichergestellt wird, kann das jeweils erfolgte Absuchen durch den Atemschutztrupp auf oder an der Tür zum abgesuchten Raum gekennzeichnet werden.

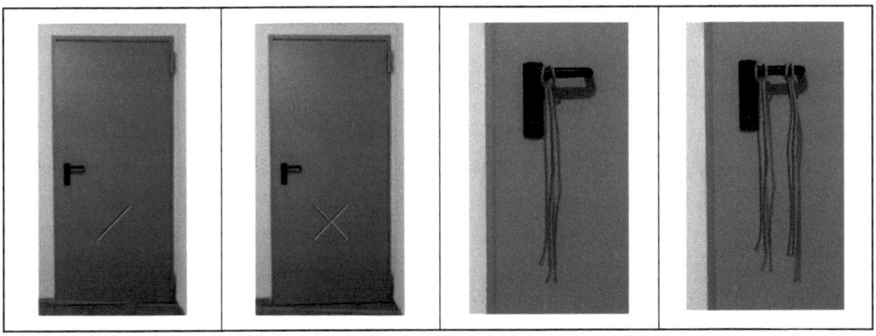

Abbildung 34: Beispiele für die Kennzeichnung von Türen
(Quelle: Hans Kemper, Geseke)

Zur Kennzeichnung werden von den Atemschutztrupps zum Beispiel Fettstifte, Wachsstifte oder (wasserlösliche) Faserstifte mitgeführt, mit denen die Türen gekennzeichnet oder beschriftet werden können, oder auch spezielle Kennzeichnungsbänder, die an Türgriffen angebracht werden können.

Das Türblatt der Tür eines abgesuchten Raumes kann zum Beispiel in der unteren Hälfte nach der abgeschlossenen ersten Suche durch einen schrägen Querstrich und nach der abgeschlossenen zweiten Suche durch einen zweiten Querstrich markiert werden, so dass ein Kreuz entsteht.

Statt mit einer Markierung auf dem Türblatt, die im weiteren Einsatzverlauf bei starker Verrauchung oder eingeschränkter Sicht gegebenenfalls übersehen wird oder nicht gut sichtbar auf dem Türblatt haftet, können Türen auch mit farblich auffallenden Kennzeichnungsbändern markiert werden, die auch bei starker Verrauchung oder eingeschränkter Sicht ertastet werden können. Nach der abgeschlossenen ersten Suche wird zum Beispiel ein Kennzeichnungsband und nach der abgeschlossenen zweiten Suche dann ein zweites Kennzeichnungsband um den Türgriff der jeweiligen Tür geknotet oder an einem angebrachten Kennzeichnungsband erst ein Knoten und dann ein zweiter Knoten eingebunden.

10.7 Verhalten bei einem Atemschutznotfall

Entsteht für einen Atemschutztrupp während des Einsatzes in einem Gebäude eine gefährliche Lage, aus der er sich mit eigener Hilfe nicht befreien kann, zum Beispiel durch Probleme mit der Atemschutztechnik, durch gesundheitliche Probleme eines Atemschutzgeräteträgers oder durch einen versperrten Rückweg, muss der Atemschutztrupp unverzüglich über Sprechfunk eine Notfallmeldung absetzen. Darüber hinaus kann auch der Abbruch der Sprechfunkverbindung mit einem vorgehenden Atemschutztrupp, die laut Atemschutzüberwachung abgelaufene Einsatzzeit dieses Trupps oder eine von außen wahrgenommene Lageänderung, zum Beispiel eine schnelle Brandausbreitung oder ein Einsturz, dazu führen, dass der zuständige Einheitsführer von einem Atemschutznotfall ausgehen muss.

10.7.1 Notfallmeldung

Eine Notfallmeldung ist ein über Sprechfunk abgesetzter Hilferuf eines Atemschutztrupps. Die Notfallmeldung muss gemäß Feuerwehr-Dienstvorschrift 7 (FwDV 7) „Atemschutz“ mit dem Kennwort „mayday“ eindeutig und unverwechselbar gekennzeichnet sein. Dieses Kennwort muss und darf nur bei einem Atemschutznotfall vom Atemschutztrupp verwendet werden. Die Notfallmeldung muss weiterhin den Funkrufnamen des Atemschutztrupps, den derzeitigen Standort des Atemschutztrupps, die kurze Beschreibung der Lage und den Gesprächsabschluss enthalten.

Kennwort	***mayday – mayday – mayday***
Betroffener Atemschutztrupp	zum Beispiel ***„Angriffstrupp 1/46“***
Standort	zum Beispiel ***„sind im Kellergeschoss“*** oder ***„sind im ersten Obergeschoss – Raum links“***
Lage	zum Beispiel ***„Hinter uns ist ein Teil der Treppe eingestürzt – Rückweg ist versperrt“***
Gesprächsabschluss	***mayday – kommen!***

Hinweis: Ein Atemschutznotfall kann schon beginnen, wenn erste Unregelmäßigkeiten oder Störungen im Verlauf des Atemschutzeinsatzes bemerkt werden. Deshalb ist eher zu früh als zu spät eine Notfallmeldung abzusetzen. Falscher Ehrgeiz und eine sich daraus ergebende verzögerte Notfallmeldung können zu einer lebensbedrohlichen Gefahr für den Atemschutztrupp werden.

10.7.2 Notsignalgeber

Bei einem Atemschutznotfall ist die Suche und das schnelle Auffinden eines betroffenen Atemschutztrupps in unübersichtlichen und verrauchten Gebäuden und Bereichen oftmals besonders schwierig.

Durch die Verwendung von Notsignalgebern, die akustische und/oder optische Signale aussenden, kann die Suche und das Auffinden erleichtert und beschleunigt werden. Deshalb sollten Atemschutzgeräteträger bei jedem Atemschutzeinsatz mit einem derartigen Notsignalgeber ausgestattet sein. Ein Notsignalgeber kann durch den Atemschutzgeräteträger bewusst eingeschaltet werden oder er schaltet sich automatisch ein, wenn sich der Atemschutzgeräteträger über einen bestimmten Zeitraum nicht bewegt. Die Handhabung der Notsignalgeber richtet sich nach den Gebrauchsanleitungen der Hersteller.

Abbildung 35:
Am Pressluftatmer angebrachter Notsignalgeber
(Quelle: Andreas Lebonte, Nachrichtenportal Wiesbaden112.de)

10.7.3 Maßnahmen des Sicherheitstrupps

Nach dem Eintritt eines Atemschutznotfalls ist unverzüglich der bereitstehende Sicherheitstrupp einzusetzen, der schnellstmöglich den betroffenen Atemschutztrupp suchen und finden, die dann vorgefundene Lage bewerten und die Rettung des betroffenen Atemschutztrupps einleiten und/oder durchführen muss. Zum Auffinden des Atemschutztrupps kann der Sicherheitstrupp der vorgenommenen Schlauchleitung des Trupps folgen oder direkt in Richtung des gemeldeten Standortes des Trupps vorgehen.

Abbildung 36:
Bereitstehender Sicherheitstrupp mit zusätzlicher Ausrüstung für einen Atemschutznotfall
(Quelle: Sebastian Stenzel, Nachrichtenportal Wiesbaden112.de)

Nachdem der betroffene Atemschutztrupp vom Sicherheitstrupp gefunden wurde, muss die vorliegende Lage vom Sicherheitstrupp zügig an den zuständigen Einheitsführer durchgegeben werden, damit dieser unterstützende Maßnahmen (zusätzlicher Sicherheitstrupp, ...) einleiten kann.

Eine weitere Maßnahme des Sicherheitstrupps kann die Sicherstellung der Atemluftversorgung für betroffene Atemschutzgeräteträger sein, zum Beispiel durch die zusätzlich mitgeführte Ausrüstung für Atemschutznotfälle *(siehe hierzu Abbildung 29)*. Unter Zuhilfenahme mitgeführter Transportmittel (Tragetuch, ...) sind die betroffenen Atemschutzgeräteträger dann – je nach vorgefundener Lage – vom Sicherheitstrupp möglichst schonend oder auch schnellstmöglich in einen sicheren Bereich zu retten.

Hinweis: Detaillierte Erläuterungen für das Suchen, das Versorgen und das Transportieren von in Not geratenen Atemschutzgeräteträgern und die erforderlichen Vorgehensweisen von Sicherheitstrupps sind in der Broschüre „Atemschutznotfallstaffel – Vom Sicherheitstrupp zur ANS/ANTS“ der Reihe Fachwissen Feuerwehr enthalten.

10.8 Selbstkontrolle und Testfragen

(Lösungen siehe Seite 127)

1. Welche persönlichen Schutzausrüstungen sind bei einem Atemschutzeinsatz (Innenangriff) erforderlich?

a) Feuerwehrschutzkleidung (Überjacke und Überhose).
b) Feuerwehrhelm mit Nackenschutz.
c) Feuerwehrschutzhandschuhe.
d) Feuerwehrschutzschuhe (zum Beispiel Feuerwehrschutzstiefel).
e) Feuerschutzhaube.

2. Welche Aussagen über die Atemschutzüberwachung sind richtig?

a) Die Atemschutzüberwachung wird fahrzeugbezogen durchgeführt.
b) Für die Durchführung ist der zuständige Einheitsführer verantwortlich.
c) Für die Durchführung ist der Einsatzleiter verantwortlich.
d) Andere Einsatzkräfte unterstützen die Atemschutzüberwachung.

3. Welche Einsatzdaten und Einsatzzeiten werden üblicherweise auf einer Atemschutz-Überwachungstafel eingetragen?

a) Bezeichnung des Atemschutztrupps.
b) Namen der Atemschutzgeräteträger.
c) Behälterdrücke der Pressluftatmer beim Einsatzbeginn und Einsatzende.
d) Druck beim Ansprechen der Warneinrichtung.
e) Uhrzeit zum Beginn und zum Ende des Atemschutzeinsatzes.
f) Luftverbrauch der Atemschutzgeräteträger während des Einsatzes.

4. Welche Informationen sollten die Lagemeldungen enthalten?

a) Wo befindet sich der Atemschutztrupp jeweils?
b) Welche Einsatztätigkeiten führt der Atemschutztrupp gerade durch?
c) Wie ist die derzeitige Belastung der Atemschutzgeräteträger?
d) Welche Behälterdrücke haben die eingesetzten Pressluftatmer?

5. Worauf muss der Atemschutztrupp beim Öffnen von Türen achten?

a) In welche Richtung und zu welcher Seite lässt sich die Tür öffnen?
b) Besteht die Tür aus nicht brennbaren Baustoffen?
c) Besteht beim Öffnen die Gefahr einer schnellen Brandausbreitung?
d) Ist im Bereich der Tür schon Brandgeruch wahrnehmbar?

6. Welche Grundsätze muss ein Atemschutztrupp beim Absuchen von Bereichen und Räumen beachten?

a) Beim Absuchen geht grundsätzlich der Truppführer vor.
b) Bei Gefährdung durch eine schnelle Brandausbreitung geht der Truppmann mit Wasser am Strahlrohr vor.
c) Atemschutzgeräteträger müssen kriechend beziehungsweise in gebückter, bodennaher und somit sicherer Haltung vorgehen.
d) Zur Sicherung des Rückweges wird ein Handsprechfunkgerät und eine Wärmebildkamera mitgeführt.

7. Wie werden Türen zu abgesuchten Räumen gekennzeichnet?

a) Mit Kennzeichnungsgeräten.
b) Mit Kennzeichnungsschildern.
c) Mit Kennzeichnungsbändern.
d) Mit Kennzeichnungsleuchten.

8. Welche Aussagen über Notfallmeldungen sind richtig?

a) Eine Notfallmeldung wird abgegeben, wenn durch den Atemschutztrupp eine zu rettende Person im Gebäude gefunden wird.
b) Eine Notfallmeldung wird abgegeben, wenn der Atemschutztrupp in eine gefährliche Lage gerät, aus der er sich nicht selbst befreien kann.
c) Das notwendige Kennwort für eine Notfallmeldung lautet „Hilfe!“.
d) Das notwendige Kennwort für eine Notfallmeldung lautet „mayday!“.

11 Dokumentation

Gemäß der Feuerwehr-Dienstvorschrift 7 (FwDV 7) „Atemschutz" müssen Angaben über Atemschutzgeräteträger sowie über Atemschutzgeräte dokumentiert werden. Dazu muss für jeden Feuerwehrangehörigen, der zum Atemschutzgeräteträger ausgebildet wurde, ein persönlicher Atemschutznachweis geführt werden. In diesem Nachweis sind alle Angaben über den jeweiligen Feuerwehrangehörigen, die im Zusammenhang mit dem Atemschutz bedeutsam sind, lückenlos zu dokumentieren. Folgende Angaben sind in den persönlichen Atemschutznachweis mindestens aufzunehmen:

- arbeitsmedizinische Untersuchungen entsprechend der DGUV Empfehlung „Atemschutzgeräte (Eignungsbeurteilung)"
- alle Wiederholungsuntersuchungen
- abgeschlossene Ausbildung zum Atemschutzgeräteträger
- theoretische und praktische Unterweisungen über den Atemschutz
- jährliche Belastungsübungen in einer Atemschutz-Übungsanlage
- jährliche Einsatzübungen unter Atemschutz
- Einsätze unter Atemschutz mit Angaben zu:
  - Datum und Einsatzort
  - Art des Atemschutzgerätes
  - Atemschutzeinsatzzeit in Minuten
  - Tätigkeit während des Einsatzes unter Atemschutz

Der Leiter der Feuerwehr oder eine von ihm beauftragte Person, zum Beispiel der Leiter des Atemschutzes, müssen die Richtigkeit der aufgenommenen Angaben bestätigen.

Weiterhin muss für jedes Atemschutzgerät ein geeigneter Gerätenachweis geführt werden, der mindestens die Gerätenummer und den Gerätestandort, das Herstellungsdatum, den Instandhaltungsnachweis (Prüfnachweis), einen Verwendungsnachweis und die Dokumentation von Auffälligkeiten oder Störungen am Atemschutzgerät enthält.

12 Literatur- und Quellenverzeichnis

Feuerwehr-Dienstvorschrift 7 (FwDV 7) „Atemschutz“, Ausgabe: September 2002, mit Änderung 2005, Ausschuss Feuerwehrangelegenheiten, Katastrophenschutz und zivile Verteidigung (AFKzV), Verlag: W. Kohlhammer – Deutscher Gemeindeverlag GmbH, Stuttgart

DGUV Vorschrift 49 „Unfallverhütungsvorschrift – Feuerwehren“, Ausgabe Juni 2018, Deutsche Gesetzliche Unfallversicherung e.V. (DGUV), Berlin

DGUV Regel 105–049 „Feuerwehren“, Ausgabe Juni 2018, Deutsche Gesetzliche Unfallversicherung e.V. (DGUV), Berlin

Buchold, C., Naujoks, Dr. F.: Fachwissen Feuerwehr „Atemschutznotfallstaffel – Vom Sicherheitstrupp zur ANS/ANTS“, Ausgabe: April 2018, ecomed SICHERHEIT, ecomed-Storck GmbH, Landsberg

Cimolino, U.: Reihe Einsatzpraxis, Atemschutz, 4. Auflage 2004, ecomed SICHERHEIT, ecomed-Storck GmbH, Landsberg

Knorr, K.-H.: Rotes Heft 15 „Atemschutz“, 14. überarbeitete Auflage 2008, Buchverlag W. Kohlhammer GmbH, Stuttgart

Müller, K.: Ausbildung zum Atemschutzgeräteträger, Lehrstoffblätter für die Ausbildung der Feuerwehren in Baden-Württemberg, Stand: März 2007, Neckar-Verlag GmbH, Villingen-Schwenningen

Ridder, Dr.-Ing., A.: Handbuch „Atemschutz bei der Feuerwehr“, 19. Aktualisierungslieferung September 2022, ecomed-Storck GmbH, Landsberg

Schott, L., Ritter, M.: „Der Atemschutzgeräteträger in der Feuerwehr“, Ausgabe 2016, Wenzel Verlag, Marburg

DIN-Normen, Bezug bei der Beuth Verlag GmbH, Burggrafenstraße 6, 10787 Berlin

Lösungen zu Kapitel 2.9: 1. b) und c); 2. a) bis d); 3. a), b), d) und e); 4. a), b) und c)

Lösungen zu Kapitel 3.4: 1. b); 2. a) und d); 3. b), c) und d); 4.a) bis d)

Lösungen zu Kapitel 4.4: 1. a), b) und d); 2. a) und d); 3. a) bis d)

Lösungen zu Kapitel 5.6: 1. a), c) und e); 2. b) und d); 3. a) und c); 4. b)

Lösungen zu Kapitel 6.4: 1. a), b) und c); 2. a), c) und d); 3. b); 4. a) und c)

Lösungen zu Kapitel 7.7: 1. a) und d); 2. a) und c); 3. b) und d); 4. a) und c); 5. c); 6. a), b) und d); 7. b); 8. a), b) und d)

Lösungen zu Kapitel 8.5: 1. b); 2. a), c) und e); 3. a), c), d) und f)

Lösungen zu Kapitel 9.4: 1. a), c) und d); 2. a) und c); 3. a), b), d) und e); 4. a), d) und e)

Lösungen zu Kapitel 10.8: 1. a) bis e); 2. a), b) und d); 3. a), b), c) und e); 4. a), b) und d); 5. a) und c); 6. a), b) und c); 7. c), 8. b) und d)